T0280846

Der Trommelmotor

Stefan Hamacher

Der Trommelmotor

Das Multitalent moderner
Stückgut-Fördertechnik

Stefan Hamacher
Interroll Trommelmotoren GmbH
Hückelhoven, Deutschland

ISBN 978-3-662-59007-2   ISBN 978-3-662-59008-9 (eBook)
https://doi.org/10.1007/978-3-662-59008-9

Die Deutsche Nationalbibliothek verzeichnet diese Publikation in der Deutschen Nationalbibliografie; detaillierte bibliografische Daten sind im Internet über http://dnb.d-nb.de abrufbar.

Springer Vieweg

Springer Vieweg ist ein Imprint der eingetragenen Gesellschaft Springer-Verlag GmbH, DE und ist ein Teil von Springer Nature.
Die Anschrift der Gesellschaft ist: Heidelberger Platz 3, 14197 Berlin, Germany

Inhaltsverzeichnis

Vorwort

Die meisten Menschen nutzen fast jeden Tag Trommelmotoren ohne es zu wissen.

Ob an der Kasse im Supermarkt, beim Check-In oder während der Sicherheitskontrolle des Handgepäcks am Flughafen. Ein Großteil unserer Lebensmittel wird mit Hilfe von Trommelmotoren sicher und hygienisch produziert und so hat der Trommelmotor unter anderem auch dazu beigetragen, dass sich die Qualität der industriell gefertigten Lebensmittel in den letzten Jahrzehnten enorm verbessert hat.

Der Trommelmotor, obwohl allgegenwärtig, ist nahezu unsichtbar, da er perfekt an seine Umgebung angepasst und integriert ist. Somit wird er von den meisten Menschen erst gar nicht gesehen. Dabei gibt es für den Trommelmotor gar keinen Grund sich zu verstecken. Neben seiner Anpassungsfähigkeit ist er unter anderem auch noch wasserdicht und wartungsfrei. Das sind nur drei von vielen Eigenschaften, die den Trommelmotor so einzigartig machen und warum immer mehr Förderbandhersteller sich für ein Antriebskonzept mit integriertem Trommelmotor entscheiden.

Für Resonanz und Anregungen aus Nutzerkreisen bin ich immer dankbar. Den schnellsten Kontakt erfüllt eine E-Mail an: s.hamacher@interroll.com

Abschließend möchte ich mich bei der Firma Interroll für die großzügige Unterstützung bei der Realisierung dieses Buches bedanken.

Selfkant   Stefan Hamacher
im März 2019

Aufbau klassischer Förderer

Klassischerweise werden Trommelmotoren als Antriebe in Förderer eingesetzt. In den folgenden Kapiteln werden die wichtigsten Begriffe und Konstruktionen im Förderbandbau erklärt. Sie werden im weiteren Verlauf dieses Buches immer wieder Verwendung finden. Es werden überwiegend intralogistische Anwendungen aus dem Stückguttransport (siehe Abb. 1.1) betrachtet und später auch ausgelegt.

Besonderheiten bei der Auslegung und Konstruktion von schweren Schüttgutförderern (siehe Abb. 1.2), wie man sie z. B. im Tagebau oder unter Tage findet, werden nicht weiter betrachtet.

Zum Stückgut zählen Produkte die in definierten Stücken transportiert werden, z. B. Kisten, Paletten, Gebinde, größere Teile und Gegenstände.

Als Schüttgut bezeichnet man körniges und in kleinen Teilen gestückeltes, Schüttfähiges Transportgut, z. B. Sand, Kies, Erz, Kohle, Getreide, Salz, Zucker, Kaffee, Mehl.

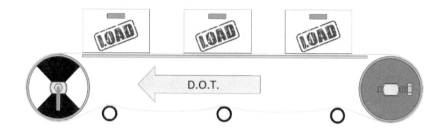

Abb. 1.1 Stückguttransport

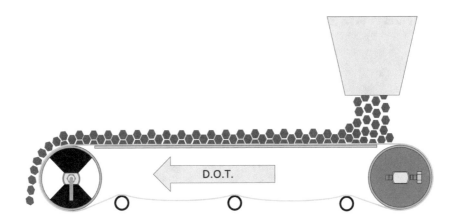

Abb. 1.2 Schüttgutförderer

1.1   Aufbau klassischer Förderbänder

Ein klassischer Förderer für den Stückguttransport besteht im Wesentlichen aus einem Trommelmotor oder einer Antriebstrommel mit externem Motor, einer Umlenkrolle, einem Fördergurt und einem Gleit- oder Rollenbett. (Siehe Abb. 1.3.)

Je nach Bedarf werden noch Einschnür-, Ablenk-, Spann-, und Stützrollen eingesetzt.

Mit Spannschrauben an der Umlenkrolle kann man die Bandspannung bei reibungs-angetriebenen Förderbändern einstellen.

Die Bandspannung ist nötig, um Gripp zwischen Fördergurt und Trommel zu erzeugen.

Die Spannschraube am Trommelmotor bzw. an der Antriebstrommel wird für die Feinjus-tierung des Bandverlaufes benötigt.

Begriffserklärung:

EL: Einbaulänge eines Trommelmotors oder einer Rolle zwischen Förderrahmen

SL: Rohrlänge eines Trommelmotors oder einer Rolle

TM: Trommelmotor bzw. Antriebstrommel

UT: Umlenkrolle

A-A: Achsabstand zwischen Trommelmotor/ Antriebstrommel und Umlenkrolle

BW: Breite des Fördergurtes

SW: Spannschraube

D.O.T: Förderrichtung

◗◖ :   Drehender Antrieb

Die Oberseite eines Förderers nennt man Obertrum.

Im Obertrum wird der Fördergurt in der Regel über ein Gleitbett oder ein Rollenbett geführt.

In den meisten Fällen wird das Fördergut im Obertrum transportiert.

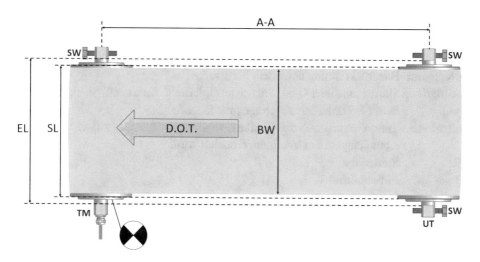

Abb. 1.3 Draufsicht eines Bandförderers

Ein Großteil der Förderer im Stückgutbereich wird mit Gleitbett ausgeführt, da diese Art der Abtragung relativ einfach und in der Regel auch am kostengünstigsten ist.

Dies geht jedoch zu Lasten der Effizienz des Förderers, denn ein Förderband mit Gleitbett benötigt, aufgrund höherer Reibungsverluste, mehr Energie als beispielsweise ein Förderer mit Rollenbett.

Im Untertrum wird der Fördergurt wieder bis zur Umlenkrolle zurückgeführt.

Einschnürrollen sorgen am Trommelmotor bzw. an der Antriebstrommel für eine Fördergurtumschlingung von 180°–270°.

Stützrollen im Untertrum dienen dazu, den Fördergurt anzuheben, damit dieser nicht zu weit durchhängen kann.

Der Fördergurt ist in der Regel in einem geschlossenen Ring endlos verbunden.

Daher definiert man einen Fördergurt auch häufig mir seiner Endloslänge.

Die Endloslänge eines Fördergurtes ist die gemessene Länge des geschlossenen Fördergurtes, welche an der Verbindungsnaht beginnt und nach einem Umlauf dort wieder endet.

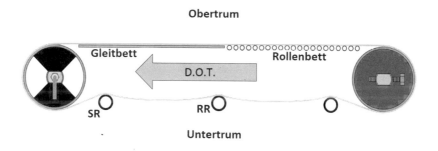

Abb. 1.4 Seitenansicht eines Bandförderers

Begriffserklärung:

Obertrum: Oberseite des Förderers und in der Regel die Seite auf der das Transportgut befördert wird.

Untertrum: Bandrückführung unter dem Förderer

Gleitbett: Starre Platte oder Gleitschienen aus Edelstahl, Kunststoff, Stahl, Holz... worauf, der Fördergurt abgetragen wird.

Rollenbett: Tragrollen ersetzen das Gleitbett, wodurch die Reibung zwischen Band und Abtragung auf ein Minimum reduziert wird.

RR: Stützrollen

SR: Einschnürrollen

Aus der Position, an der der Trommelmotor bzw. die Antriebstrommel im Förderer platziert wird, ergibt sich die Art des Förderers.

Es gibt Förderer mit Kopfantrieb, Mittenantrieb oder Fußantrieb.

Werden ein oder mehrere Trommelmotoren oder Antriebstrommeln zum Antrieb einer Rollenbahn eingesetzt, so bezeichnet man dies als Rollenförderer.

1.2   Förderbänder mit Kopfantrieb

Die gängigste Bauform bei Förderern im Stückguttransport sind Förderer mit Kopfantrieb. (Siehe Abb. 1.5)

Ist der Trommelmotor bzw. die Antriebstrommel am Kopf des Förderbandes eingebaut, sprich in Förderrichtung, so wird der Fördergurt stetig gezogen und bleibt so im Obertrum immer stramm.

Häufig werden kopfangetriebene Förderer nur in einer Richtung betrieben.

Der Kopfantrieb eignet sich optimal für Steigbänder (Siehe Abb. 1.6), da so der Trommelmotor oder die Antriebstrommel für diesen Anwendungsfall die Förderlast nach oben ziehen kann.

Bei größerer Steigung sollte eine Rücklaufsperre oder eine Halteberemse im Trommelmotor bzw. an der Antriebstrommel verbaut werden, um ein unkontrolliertes Zurücklaufen des beladenen Förderbandes nach dem Abschalten oder bei Stromausfall zu verhindern.

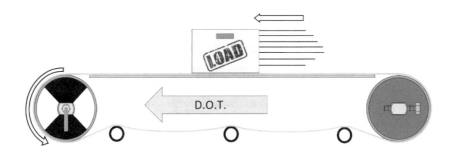

Abb. 1.5 Förderband mit Kopfantrieb

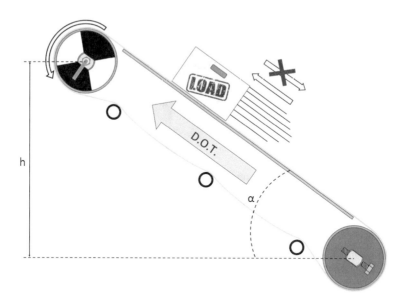

Abb. 1.6 Steigförderband mit Kopfantrieb

Durch den Kopfantrieb ist sichergestellt, dass der Fördergurt im Steigförderer immer straff bleibt, auch wenn das Band einmal stehen sollte bzw. anhalten muss.

Bei einem Steigförderer muss der Förderantrieb mehr leisten, als bei einem vergleichbaren horizontalen Förderer, da beim Steigförderer die Erdanziehungskraft, noch zusätzlich, entgegengesetzt zur Bandzugskraft des Förderantriebes wirkt.

Dabei gilt, je steiler der Steigungswinkel, desto mehr Antriebskraft wird benötigt. Die Steigung eines Förderers ist daher unbedingt bei der Antriebsauslegung zu berücksichtigen.

Wird ein horizontales Förderband mit Kopfantrieb in die entgegengesetzte Förderrichtung betrieben, dann spricht man von einem Fußangetriebenen Förderer. Dabei schiebt der Trommelmotor den Fördergurt.

Insbesondere bei Förderbändern, bei denen der Fördergurt im Untertrum lose herunter hängt, kann sich der Fördergurt hinter dem Transportgut im Obertrum aufschieben mit der Folge, dass vor dem Transportgut eine „Bandbeule" vorhergeschoben wird.

Dadurch kann die Bandführung beeinträchtigt werden und es kann im schlimmsten Fall zum einem unkontrollierbaren Bandverlauf kommen.

1.3   Förderbänder mit Mittenantrieb

Um den Fördergurt, auch bei Anwendungen mit bidirektionalen Drehrichtungen im Obertrum immer stramm zu halten, eignen sich besonders Förderer mit Mittenantrieb (siehe Abb. 1.7).

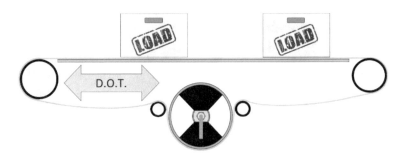

Abb. 1.7 Förderband mit Mittenantrieb

Der Trommelmotor bzw. die Antriebstrommel wird dabei im Untertrum platziert.
Mit Einschnürrollen wird der Fördergurt um den Trommelmotor bzw. die Antriebstrommel
in einem Umschlingungswinkel von ca. 180°–270° gelegt.
Diese Konstruktion ist im Vergleich zum kopfangetriebenen Förderband etwas aufwendiger, bietet aber diverse Vorteile für einige Anwendungen.

Eine Förderbandkonstruktion mit Mittenantrieb ermöglicht kleinere Umlenkrollen, somit können auch kleinere Übergaben realisiert werden.
Dies ist insbesondere ein Vorteil, wenn das Fördergut von einem Förderband auf ein zweites
Förderband übergeben werden muss.
Sind die Umlenkrollen zweier Förderbänder, bei denen ein Transportgut vom einem zum
anderen Förderer übergeben werden muss, zu groß, dann kann das Fördergut zwischen der
Übergabestelle stecken bleiben. (Siehe Abb. 1.8.)

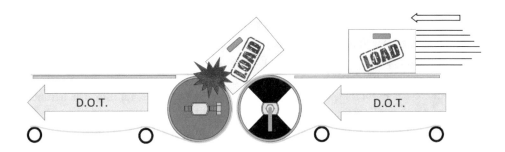

Abb. 1.8 Problem bei zu großer Übergabe zwischen zwei Förderbändern

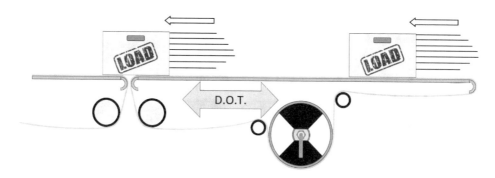

Abb. 1.9 Messerkanten

1.3.1   Messerkanten

Eine möglichst kleine Umlenkung bzw. Übergabe erreicht man mit sogenannten Messerkanten. (Siehe Abb. 1.9.)

Es gibt starre und rollende Messerkanten.

Eine starre Messerkante ist eine abgerundete Kante oder ein dünner Stab, über die der Fördergurt sehr eng umgelenkt wird.

Die extrem kleine Umlenkung auf einer starren Messerkante generiert jedoch zusätzliche Reibungswärme.

Die Messerkante und der Fördergurt können sich dadurch stark erwärmen.

Um die Reibungsverluste zu reduzieren, kann die starre Messerkante gegen eine rollende Messerkante ersetzt werden.

Eine rollende Messerkante kann z. B. eine kleine Kugelgelagerte Rolle sein.

Die kleine Rolle, muss jedoch stark genug sein, um den auftretenden Bandspannungskräften standhalten zu können.

Breite Messerkanten können daher nur sehr schwierig rollend ausgeführt werden.

Durch Reduzierung des Bandumschlingungswinkels an der Messerkante, können Reibungsverluste reduziert werden.

1.4   Förderbänder mit Fußantrieb

In seltenen Fällen werden Förderbänder mit Fußantrieb ausgeführt.

Ein Förderband mit Fußantrieb ist im Prinzip ein in umgekehrter Richtung laufender, kopfangetriebener Förderer. (Siehe Abb. 1.10.)

Um ein Aufschieben des Fördergurtes hinter der Transportlast weitestgehend zu vermeiden, wird beim Fußantrieb eine höhere Bandspannung benötigt, damit der Fördergurt im Untertrum kaum noch durchhängen kann.

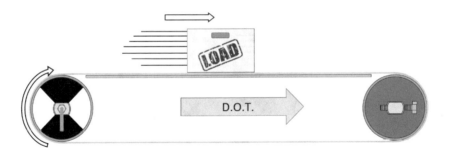

Abb. 1.10 Förderband mit Fußantrieb

Da der Fördergurt im Obertrum gedrückt und nicht mehr gezogen wird, kann unter Umständen mangels Gripp zwischen Fördergurt und Trommel nicht mehr das volle Drehmoment des Trommelmotors bzw. der Antriebstrommel an den Fördergurt abgegeben werden.

Fußangetriebene Förderer eignen sich für kurze Förderer mit leichter Last oder für Gefälleförderer. (Siehe Abb. 1.11.)

Ein Gefälleförderer kann in entgegengesetzter Förderrichtung auch als Steigförderer verwendet werden.

Generell sollten bei Steig- oder Gefälleförderern der Antrieb immer an der höchsten Stelle platziert werden.

Beim Gefälleförderer zieht die Transportlast den Fördergurt im Obertrum straff und überschüssiger Fördergurt wird vor der Transportlast bis zum Untertrum nach unten geschoben.

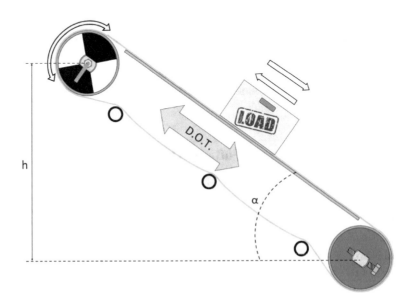

Abb. 1.11 Gefälleförderband mit Fußantrieb

Bei zu großem Gefälle sollte der Trommelmotor oder die Antriebstrommel mit einer Haltebremse ausgerüstet werden.

Eine Haltebremse ist im bestromten Zustand in der Regel offen. Der Trommelmotor oder die Antriebstrommel können sich dabei frei drehen.

Wird die Haltebremse abgeschaltet oder gibt es einen Stromausfall, dann schließt die Haltebremse automatisch und verhindert dabei einen unkontrollierten Ablauf der Förderlast.

Eine Haltebremse muss beim Schalten gleichzeitig mit der Spannungsversorgung des Antriebes ein- bzw. ausgeschaltet werden. Das gleichzeitige Schalten kann mittels Relais oder Schütze realisiert werden.

Läuft der Antrieb gegen die geschlossene Haltebremse, dann kann es zur Beschädigung der Motorwicklung oder der Haltebremse kommen.

Eine Rücklaufsperre macht in einem Gefälleförderer keinen Sinn, da sie im Gefälleförderer für die Förderrichtung nach unten, frei drehend sein müsste.

1.5 Rollenförderer

Ein Rollenförderer besteht in der Regel aus mehreren hintereinander angeordneten Rollen. (Siehe Abb. 1.12 und 1.13.)

Die aktiv angetriebenen Rollen nennt man „Master- Rollen", die passiv angetriebenen Rollen nennt man „Slave-Rollen".

In einem Rollenförderer können mehrere Antriebe verbaut werden, die von ihrer Geschwindigkeit her miteinander abgestimmt sein sollten.

Der Trommelmotor oder die Antriebstrommel werden mit Ketten, Zahnriemen oder anderen Übertragungsmedien mit den „Slave-Rollen" direkt verbunden, damit auch die „Slave-Rollen" angetrieben werden.

Zwischen zwei Antriebszonen sind die Rollen nicht mechanisch miteinander verbunden.

Rollenförderer können in der Regel bidirektional betrieben werden.

Sie eignen sich jedoch nicht für Förderstrecken mit Steigung. Bei Förderstrecken mit Gefälle wird in der Regel kein Antriebsmotor verwendet, da man sich die Schwerkraft zu Nutze machen kann.

Rollenbahnen sind aufgrund ihrer geringen Rollreibung extrem energieeffizient.

Im Vergleich zu einem Gurtförderer mit gleitender Abtragung kann man mit einem Rollenförderer bei gleicher Antriebsleistung ein Vielfaches mehr an Fördergewicht transportieren.

Rollenförderer eignen sich für größere Produkte mit einer geraden Unterfläche wie z. B. Paletten, Kisten, Kartons, Balken, Stahlträger.

Ist das zu fördernde Produkt zu klein für die Rollenbahn, besteht die Gefahr, dass das Fördergut zwischen den einzelnen Rollen stecken bleibt oder sogar durchfällt.

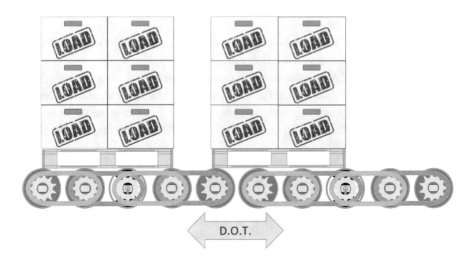

Abb. 1.12 Rollenförderer für Paletten Transport (Seitenansicht)

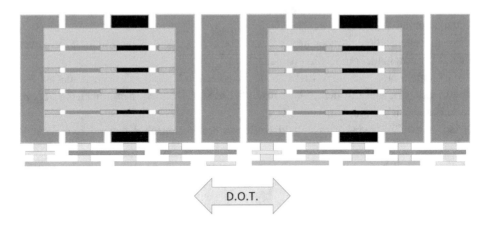

Abb. 1.13 Rollenförderer für Paletten- Transport (Draufsicht)

Unterschiedliche Fördergurte

2

Der Fördergurt hat einen direkten Einfluss auf das Verhalten und die Lebensdauer des Trommelmotors bzw. der Antriebstrommel.

Die extremen Auswirkungen des Fördergurtes auf den Trommelmotor zu erkennen und zu verstehen, ist für die Antriebsauslegung eines Förderers *elementar wichtig*.

Die Wahl des richtigen Fördergurtes hängt in der Regel von der Anwendung ab.

Es gibt viele verschiedene Arten von Fördergurten und Antriebssystemen. In den folgenden Kapiteln werden die gängigsten Fördergurtarten und Antriebssysteme erklärt.

2.1 Klassische reibungsangetriebene Flachbänder

Die klassischen reibungsangetriebenen Flachbänder sind weit verbreitet. (Siehe Abb. 2.1.)

Es gibt diese Fördergurte in den verschiedensten Ausführungen und Materialien.

Bei all diesen Bändern wird die Kraft von Trommelmotor oder der Antriebstrommel mittels Reibung übertragen.

Die Schwierigkeit bei reibungsangetriebenen Flachbändern besteht darin, genügend Reibung bzw. Gripp zwischen Fördergurt und Trommel aufzubauen, ohne dabei den Trommelmotor oder die Antriebstrommel mechanisch zu überlasten.

Den Gripp zwischen Trommel und Band erzeugt man in der Regel über Bandspannung. Dabei wird der Fördergurt mit mechanischem Druck an die Trommel gepresst.

Die Bandspannung darf nicht zu groß sein, sonst können die Kugellager des Trommelmotors oder die Lagerung der Antriebstrommel durch die hohen Bandspannungskräfte beschädigt werden.

Häufig wird das Trommelrohr zusätzlich gummiert oder gerändelt, um den Reibungsschluss bzw. den Gripp zu verbessern.

© Springer-Verlag GmbH Deutschland, ein Teil von Springer Nature 2019
S. Hamacher, *Der Trommelmotor*,
https://doi.org/10.1007/978-3-662-59007-2_2

Abb. 2.1 Trommelmotor mit reibungsangetriebenem Flachband (Quelle: Interroll.com)

Bei gerändelten Trommelrohren ist jedoch Vorsicht geboten, da die zum Teil scharfen Rändel bei starker Belastung die Unterseite des Fördergurtes beschädigen können.

Durch Vergrößerung des Umschlingungswinkels des Fördergurtes auf mehr als 180° wird der Reibungsschluss zwischen Trommel und Band aufgrund der größeren Kontaktfläche zusätzlich verbessert.

Den Geradeauslauf eines reibungsangetriebenen Flachbandes realisiert man in der Regel mit einer balligen Trommelform an der Antriebsseite.

Bei kurzen und annähernd quadratischen Förderern mit Kopfantrieben, wird die Umlenkrolle häufig zylindrisch ausgeführt.

Bei Bändern, die im Verhältnis zur Gurtbreite einen mehr als 5-mal längeren Achs-zu Achs-Abstand (A-A) haben oder bei Bändern, die mit Fußantrieb betrieben werden, sollte die Umlenkrolle nach Möglichkeit ballig ausgeführt werden.

Die Bandspannung ist bei einer balligen Trommel in der Mitte am höchsten, da sich der Fördergurt in der Mitte aufgrund der Auswölbung der Balligkeit am meisten ausdehnt. Dabei entsteht eine Kraft, welche den Fördergurt in der Mitte der Trommel zentriert.

Die Bandspannung wird in der Regel über die Umlenkrolle eingestellt.

Am Trommelmotor oder der Antriebstrommel sollte der Bandverlauf lediglich ausgerichtet werden.

Für die Antriebsauslegung sind die Spezifikationen des Fördergurtes enorm wichtig.

Wenn der Fördergurt unbekannt ist, kann man keine seriöse Antriebsberechnung durchführen.

In der Regel gibt es zu jedem Fördergurt ein Datenblatt, welches man im Internet finden oder beim Gurthersteller anfragen kann.

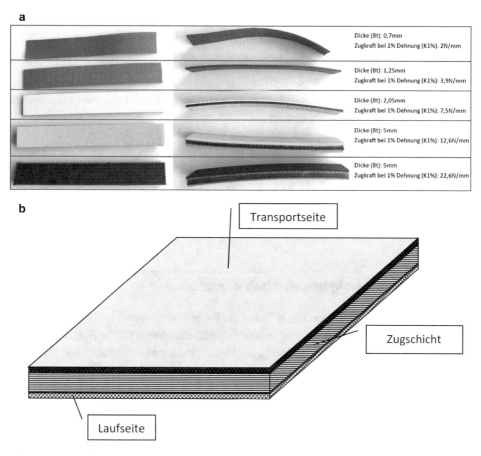

Abb. 2.2 a Verschiedene Gewebegurte. **b** Beispielhafter Aufbau eines Gewebegurtes

Folgende Banddaten sind für die Antriebsauslegung wichtig:

BW: Breite des Fördergurtes

Die Breite des Fördergurtes sollte leicht zu ermitteln sein. Sie kann zur Not einfach mit einem Maßband gemessen werden.

Bt: Dicke des Fördergurtes

Die Dicke des Fördergurtes hat, wenn auch in den meisten Fällen nur sehr wenig, einen Einfluss auf die finale Bandgeschwindigkeit bzw. den Abrolldurchmesser des Bandes.

K1 %: Kraft [N] pro Millimeter [mm] Bandbreite bei einer Dehnung von 1 %. [N/mm] Dieser Wert ist extrem wichtig. Mit diesem Wert kann die Kraft, die durch die Bandspannung auf die Kugellager des Trommelmotors oder der Antriebstrommel wirkt, berechnet werden. Der K1 % Wert gibt an, wie viel Kraft in [N] pro 1 mm Fördergurtbreite auf den Trommelmotor und die Umlenkrolle wirkt, wenn das Band mit 1 % Dehnung gespannt wird.

mb: Gurtgewicht [kg/m²]

Mit dem spezifischen Fördergurtgewicht kann das Gewicht des Förderbandes berechnet werden, denn auch das Gurtgewicht muss zusätzlich zur Last mit bewegt werden.

Gewebegurte bestehen in der Regel aus verschiedenen Lagen. Je nach Aufbau und verwendeten Materialien ergeben sich so dehnbare oder eher steife Bänder mit unterschiedlichen K1 % Werten. (Siehe Abb. 2.2a und b.)
Jeder Fördergurt hat, abhängig von seiner Beschaffenheit, einen Minimum Umlenkdurchmesser. Bei der Auswahl des Fördergurtes ist darauf zu achten, dass der Außen Durchmesser des Trommelmotors und der Umlenkrolle nicht kleiner als das Minimum des Umlenkungsdurchmessers des Fördergurtes beträgt.
Ist der Trommeldurchmesser zu klein, kann der Fördergurt evtl. beschädigt werden.
Ein zu kleiner Umlenkdurchmesser kann zusätzlich noch zu hohen Reibungsverlusten führen.

2.2   Formschlüssig angetrieben Modulbänder

Bei Lebensmittelanwendungen, wie z. B. bei der Fleischverarbeitung in Großmetzgereien, findet man sehr häufig formschlüssig angetriebene Modulbänder. (Siehe Abb. 2.3.)
Die Kraftübertragung vom Trommelrohr zum Modulband wird über Formschluss realisiert. Der Formschluss kann mit Zahnrädern oder über ein durchgehendes Gummi, PU oder Edelstahlprofil umgesetzt werden.
Ein Modulband besteht aus starren Teilen/Modulen, die mit einem Scharnierstab verbunden werden. (Siehe Abb. 2.4.)
Man kann so beliebig lange Endlosbänder zusammenstecken.
Wird ein Modul beschädigt, so kann das defekte Teil leicht ausgetauscht werden.
Man kann das Modulband öffnen, indem man einen beliebigen Scharnierstab mit einem geeigneten Werkzeug einfach herauszieht.
So kann man bei Bedarf das Modulband leicht entfernen und schwer zugängliche Bereiche können einfacher gewartet werden.
Durch die formschlüssige Kraftübertragung benötigt man keine Bandspannung. Die Kugellager des Trommelmotors bzw. der Antriebstrommel werden so weniger belastet, wodurch sich ihre Ausfallwahrscheinlichkeit stark verringert.
Die formschlüssige Kraftübertragung treibt das Modulband in sehr nassen Anwendungen immer zuverlässig an. Ein Durchrutschen des Bandes, wie es z. B. bei einem reibungsangetriebenen Fördergurt vorkommen kann, gibt es mit formschlüssig angetriebenen Modulbändern in der Regel nicht.
   Die einzelnen Module beispielsweise aus PE, PP oder POM, sind sehr stabil und massiv gefertigt. Dadurch sind die meisten Modulbänder in der Regel schnittfest.
Schnittfeste Modulbänder werden z. B. in Zerlege-Bändern eingesetzt, wo häufig mit scharfen Messern das Produkt auf dem Förderband bearbeitet werden muss.

Abb. 2.3 Modulbandanwendung in der Lebensmittelindustrie (Quelle: Interroll.com)

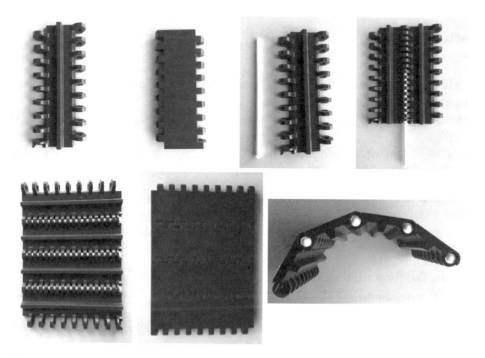

Abb. 2.4 Aufbau eines Modulbandes

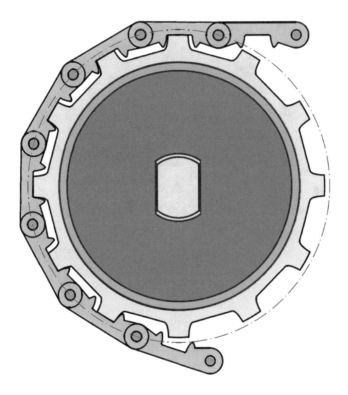

Abb. 2.5 Modulband Teilkreisdurchmesser

Modulbänder sind aufgrund ihrer größeren Masse 5- bis 15-mal schwerer, als vergleichbare reibungsangetriebene Flachbänder.

Das Bandgewicht muss daher bei der Antriebsauslegung unbedingt mit berücksichtigt werden.

Der Reibfaktor zwischen Modulband und Gleitbett kann je nach Material des Modulbandes variieren, ist aber häufiger etwas geringer als bei reibungsangetriebenen Fördergurten.

Folgende Modulbanddaten sind für die Antriebsauslegung wichtig (Siehe Abb. 2.5.):
mb: Gurtgewicht [kg/m²]
Mit dem spezifischen Fördergurtgewicht kann das Gewicht des Modulbandes berechnet werden.

PCD: Teilkreisdurchmesser
Der Teilkreisdurchmesser ist der Durchmesser eines gedachten Kreises, der durch die Mitte des Modulbandscharniers verläuft.

Mit dem Teilkreisdurchmesser kann die finale Bandgeschwindigkeit bzw. der Abrolldurchmesser des Modulbandes bestimmt werden.

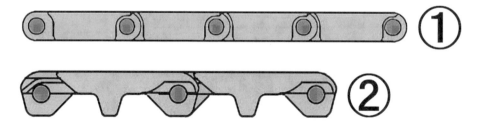

Abb. 2.6 Modulband Seitenprofile

Es gibt Modulbänder in den verschiedensten Ausführungen. Abb. 2.6 zeigt ein Modulband mit dem seitlichen Profil ähnlich einer Fahrradkette (①), dieses Modulband kann nur mit Zahnrädern angetrieben werden. Modulbänder mit einem ausgeprägten Seitenprofil (②) können mit durchgehend gefertigten Profilen oder Zahnrädern angetrieben werden. Die Stege unter dem Band können sich formschlüssig in ein durchgehendes Rohrprofil legen. Alternativ kann diese Art Modulband auch mit Zahnrädern verwendet werden. (Siehe Abb. 2.7.) Die Anzahl der benötigten Zahnräder ist abhängig von der Belastung und der Breite des Modulbandes und sollte vom Bandhersteller für jede Anwendung berechnet bzw. angegeben werden. Als grobe Faustformel kann man jedoch annehmen, dass man pro 100 mm Modulbandbreite ca. ein Zahnrad benötigt.

Die Kraftübertragung zwischen Trommelrohr und Zahnrad wird häufig über einen oder mehrere auf dem Trommelrohr aufgeschweißte Keilstähle realisiert.

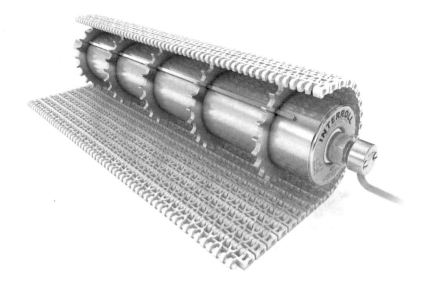

Abb. 2.7 Trommelmotor mit Zahnrädern (Quelle: Interroll.com)

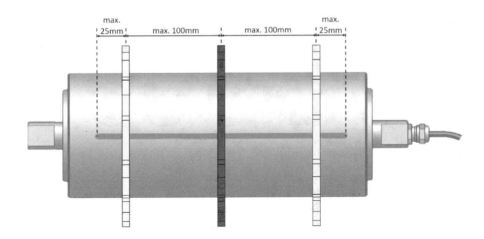

Abb. 2.8 Modulbandführung mit fixiertem Zahnrad (*rot*)

Die Zahnräder werden dabei mit einer Nut versehen und über den Keilstahl des Trommelrohres geschoben. Die Zahnräder müssen sich frei schwimmend bewegen können.
Theoretisch könnte man zwar alle Zahnräder auf dem Trommelrohr fixieren. Dabei muss
man jedoch die Zahnräder sehr präzise ausrichten, damit die Zähne richtig in das Modul-
band eingreifen können ohne dies zu beschädigen.
Mit losen Zahnrädern entfällt das Risiko, dass die Zahnräder falsch ausgerichtet sind, da
die losen Zahnräder sich selbstständig am Modulband ausrichten können.
Zudem erleichtern lose Zahnräder die Reinigung einer Modulbandanwendung, weil sie für
Reinigungsprozesse einfach auf Seite geschoben werden können.
Es ist jedoch darauf zu achten, dass nach der Reinigung die Zahnräder wieder an die
richtigen Stellen zurückgeschoben werden.
Die Führung eines Modulbandes kann über seitliche Führungsschienen, die das Modulband
links und rechts in Position halten, realisiert werden.
Alternativ zur seitlichen Bandführung kann das mittlere Zahnrad zur Führung fixiert wer-
den. (Siehe Abb. 2.8.)
Für diesen Fall gibt es Zahnräder, die mit Schrauben auf dem Trommelrohr festgeklemmt
werden können.
Bei der Modulbandführung mit einem mittig fixierten Zahnrad sollte die Gesamtanzahl
der Zahnräder ungerade sein.
Alle anderen Zahnräder werden dann nur noch lose, links und rechts auf das Trommelrohr
aufgeschoben.
Zahnräder haben den Vorteil, dass man sie beliebig austauschen kann.
Dadurch kann der Nutzer bei Bedarf die Modulband-Serie oder Type einfach wechseln.
Zahnräder aus Edelstahl oder anderen harten Materialien können jedoch Klappergeräusche
erzeugen.
In einer Anwendung mit vielen Modulband Förderern kann sich so eine mitunter laute
Geräuschkulisse aufbauen.

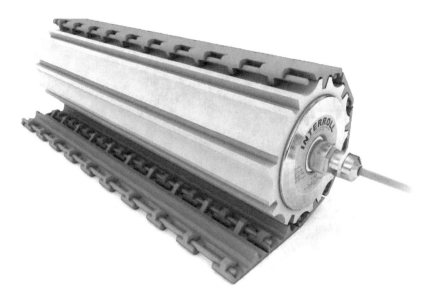

Abb. 2.9 Trommelmotor mit NBR Profilgummierung (Quelle: Interroll.com)

Da bei Zahnrädern die Kräfte immer nur punktuell auf die gleichen Stellen wirken, verschleißt ein Zahnradbetriebenes Modulband evtl. etwas schneller.

Eine häufig eingesetzte Alternative zu Zahnrädern sind Profile aus 70°–80° Shore A weichem NBR oder PU. (Siehe Abb. 2.9.)

Diese Profile können Modulbänder mit ausgeprägtem Seitenprofil antreiben.

Die weichere und stoßabsorbierende Gummierung treibt das Modulband geräuscharm an. Das durchgehende Profil ermöglicht eine Kraftübertragung über die gesamte Bandbreite. Somit wird die Kraft bestmöglich auf die gesamte Breite das Modulbandes übertragen, wodurch das Modulband mechanisch weniger strapaziert wird.

Aus hygienischer Sicht sind Modulbänder jedoch nicht ganz so optimal, da sich zwischen den Scharnieren und Modulen, Schmutz, Produktreste und Bakterien sammeln können. Die vielen Spalten und Kanten eines Modulbandes, sind in der Regel nicht leicht zu reinigen. In den Spalten und Scharnieren bilden sich dann gelegentlich unerwünschte Bakterien, die auch mit chemischen Reinigungsmitteln nicht immer erfolgreich bekämpft werden können.

2.3   Hygienische, formschlüssig angetriebene thermoplastische Bänder

Die derzeit wahrscheinlich in Hinblick auf Hygiene am besten geeigneten Fördergurte sind formschlüssig angetriebene thermoplastische Bänder. Sie werden auch häufig als „Blue Belts" bezeichnet.

Die blaue Farbe ist in der Lebensmittelindustrie sehr gebräuchlich.

Abb. 2.10 Trommelmotor und weißem thermoplastischem Fördergurt (Quelle: Interroll.com)

Blau ist eine Farbe, die in natürlichen Lebensmitteln nur sehr selten vorkommt.
Sollten sich aus irgendeinem Grund einmal Teile des blauen Fördergurtes ablösen und in das Lebensmittelprodukt gelangen, dann können optische Sensoren den blauen Fremdkörper relativ leicht erkennen. Die Lebensmittelproduktion kann dann bei Bedarf schnell gestoppt werden.

Die formschlüssig angetriebenen thermoplastischen Bänder sind im Prinzip eine Kombination aus klassischen Flachbändern und Modulbändern.
Die Oberseite ist flach und geschlossen. Die Unterseite ist für die formschlüssige Kraftübertragung profiliert. (Siehe Abb. 2.10.)
Thermoplastische Bänder werden in der Regel, in einem Stück aus TPU (thermoplastisches Polyurethan) heiß geformt oder kalt gefräst.
Das TPU Material wird bei Erwärmung weich und nimmt, nachdem es abgekühlt ist, wieder die ursprüngliche Festigkeit an.
Die Enden eines thermoplastischen Bandes können einfach miteinander zu einem Endlosband verschweißt werden.
Dadurch entsteht ein solider, glatter und komplett geschlossener Fördergurt, der in einem Stück nur aus TPU besteht.

Einige Bandhersteller arbeiten zusätzlich noch Zugseile in ihre thermoplastischen Bänder ein.
Die Zugseile sorgen dafür, dass sich das thermoplastische Band bei Belastung nur minimal ausdehnt. Dadurch können weichere und flexiblere TPU Materialien verwendet werden, wodurch kleinere Minimalumlenkungen möglich werden können. (Siehe Abb. 2.11a, b und c).

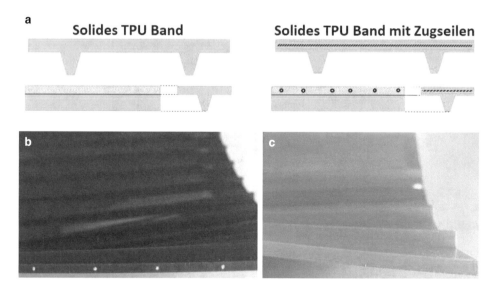

Abb. 2.11 a Aufbau formschlüssig angetriebener thermoplastischer Bänder. **b** Bänder mit Zugsei-
len. **c** Band ohne Zugseile

Am häufigsten findet man am Markt formschlüssig angetriebene thermoplastische Bänder
mit ca. 1″ oder 2″ Teilung. (Siehe Abb. 2.12.)

Bänder mit einer 1″ Teilung sind in der Regel etwas dünner und ermöglichen kleinere
Umlenkungen.

Formschlüssig angetriebene thermoplastische Bänder eignen sich jedoch nicht für Messerkanten oder kleine Übergaben.

In den letzten Jahren haben verschiedene Bandhersteller auch thermoplastische Bänder
mit kleineren Teilungen von ca. 0,5″ auf den Markt gebracht.

In Verbindung mit kopfangetriebenen Förderern mit Trommelmotoren machen Teilungen
kleiner als 1″ in der Regel wenig Sinn, da Trommelmotoren selbst mit kleinstem Rohr-
durchmesser, den Minimalumlenkdurchmesser von 1″ Bändern in der Regel nicht unter-
schreiten.

Bei Mitnehmerzähne mit einer scharfen Zahnkontur mit spitzen Ecken und Kanten können
sich leichter Schmutz und Produktreste verfangen.

Durchgehende Mitnehmerzähne, die sich unterhalb des Bandes über die gesamte Bandbreite erstrecken, verteilen die Kraft zwar gleichmäßiger auf das Band, besitzen aber eine
verhältnismäßig große Anzahl an Flächen mit Ecken und Kanten.

Je runder die Zahnkontur und je geringer die Flächen mit Ecken und Kanten, desto weniger
Schmutz kann sich an der Bandunterseite verfangen.

Formschlüssig angetriebene thermoplastische Bänder können ohne oder mit nur sehr geringer Bandspannung betrieben werden.

Abb. 2.12. Unterschiedliche Teilungen

Abb. 2.13 Thermoplastisches Band mit runden Zahnkonturen (Quelle: Ammeraal Beltech)

Abb. 2.14 Reinigung eines thermoplastischen Bandes (Quelle: Intralox.com)

Das schont nicht nur die Kugellager des Trommelmotors oder der Antriebstrommel, ein ungespanntes bzw. sehr leicht gespanntes Band kann, für den Reinigungsprozess einfach angehoben werden.

So kann man Stellen erreichen und reinigen, die normalerweise schwerer zugänglich sind. (Siehe Abb. 2.14.)

Endlos geschweißte thermoplastische Bänder haben in der Regel eine glatte Ober- und Unterfläche ohne Spalten und Ritze, in denen sich Schmutz und Bakterien verfangen könnten.

Das Band kann daher leicht und schnell gereinigt und desinfiziert werden.

Besonders bei sensiblen Anwendungen, wie z. B. beim Transport von rohem und unverpacktem Fisch, kann man in einer modernen Anwendung, heute fast nicht mehr auf hygienische thermoplastische Bänder verzichten.

Abb. 2.15 Trommelmotor mit Premium Hygienic PU Profil (Quelle: Interroll.com)

Aber das aus Hygienesicht sauberste Band macht keinen Sinn, wenn es nicht auch hygienisch angetrieben werden kann.

Für formschlüssig angetriebene thermoplastische Bänder bieten die Bandhersteller in der Regel passende Zahnräder aus Kunststoff an.

Mit ihnen wird die Kraft des Trommelmotors oder der Antriebstrommel formschlüssig übertragen.

Jedoch gibt es auch bei Zahnrädern immer einen kleinen Luftspalt zwischen dem Trommelrohr und dem Zahnrad, in dem sich dann Schmutz fangen kann, ein geradezu günstiges Milieu für Bakterien.

Diese Bakterien werden dann beim nächsten Reinigungsprozess ausgespült und können so evtl. die Umgebung kontaminieren.

Zahnräder bieten einige Vorteile, aber sie sind nicht das Nonplusultra in Bezug auf Hygiene.

Eine hygienische Alternative zu Zahnrädern sind solide, durchgehende und glatte Profile aus hygienischem PU (82 Shore D) oder Edelstahl. (Siehe Abb. 2.15.)

Solide Hygienic PU Profile haben keine scharfen Kanten oder Spalten und sind massiv aus einem Material gegossen oder gefräst und sollten eine hygienisch glatte Oberflächenrauheit von weniger als Ra 0,8 μm haben.

Die glatte Oberfläche ist leicht zu reinigen, da sie Schmutz und Bakterien keine Haftfläche bieten kann.

Die Reibung zwischen dem formschlüssig angetriebenen thermoplastischen Band und dem Profil muss so gering wie möglich sein um sicher zu stellen, dass die Kraftübertragung nur über den Formschluss und nicht über Reibung realisiert wird. (Siehe Abb. 2.16.)

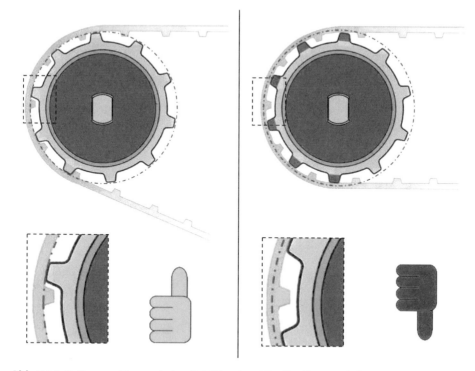

Abb. 2.16 Reibungsschluss zwischen TPU Band und Profil sollte vermieden werden

Wird das formschlüssig angetriebene thermoplastische Band über Reibung angetrieben, dann nimmt die Bandgeschwindigkeit im Vergleich zur Trommelgeschwindigkeit leicht zu, weil sich bei Reibschluss der Abrolldurchmesser des Bandes leicht vergrößert.
Durch den größeren Abrolldurchmesser bewegt sich das thermoplastische Band mit einer minimal schnelleren Geschwindigkeit im Vergleich zum antreibenden Profil.
Wenn das passiert, überholt das thermoplastische Band irgendwann das Profil, bis es mit den Zähnen kollidiert und im schlimmsten Fall aus dem Profil rausspringt.
Um unerwünschten Reibschluss zwischen thermoplastischen Bändern und den antreibenden Profilen oder Zahnrädern zu vermeiden, sollte man immer die aktuellen Einbaurichtlinien der Bandhersteller beachten und einhalten.
Die meisten Bandhersteller empfehlen, die Bänder komplett spannungsfrei oder nur mit minimaler Bandspannung zu montieren.
Dadurch hängen formschlüssig angetriebene thermoplastische Bändern in der Regel im Untertrum weiter durch.
Diese Banddurchhängung nennt man im englischen „Catenary sag".
Aufgrund des weit durchhängenden „Catenary sag" eignen sich formschlüssig angetriebene, thermoplastische Bänder nicht für Förderer mit Fußantrieb.
Formschlüssig angetriebene, thermoplastische Bänder sollten immer gezogen und nach Möglichkeit nicht geschoben werden. (Siehe Abb. 2.17a und b.)

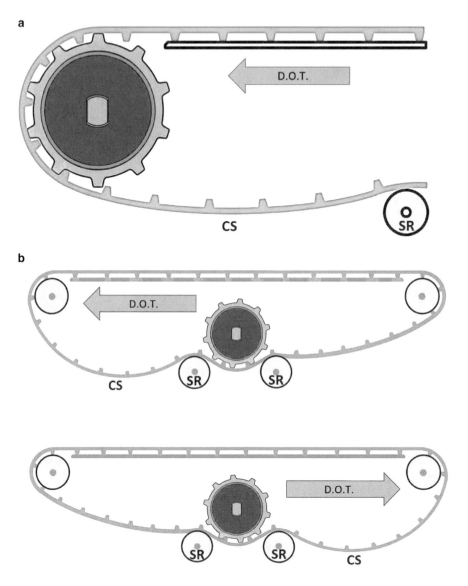

Abb. 2.17 a Kopfantrieb mit formschlüssig angetriebenem thermoplastischem Band. **b** Mittenantrieb mit formschlüssig angetriebenem thermoplastischem Band

Begriffserklärung Abb. 2.17a und b:
CS: „Catenary sag" Banddurchhängung.
SR: Einschnürrolle

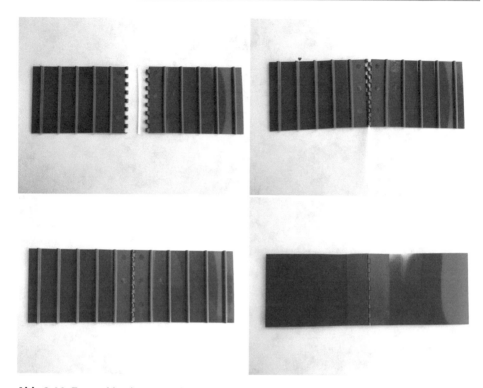

Abb. 2.18 Formschlüssig angetriebenes thermoplastisches Band mit Schnellverbinder

Formschlüssig angetriebene, thermoplastische Bänder, können bei Förderern mit Mitten-antrieb, in der Regel, bidirektional betrieben werden.

Dabei muss sichergestellt sein, dass sich in beiden Drehrichtungen im Untertrum ein „Ca-tenary sag" bilden kann.

Gelegentlich werden formschlüssig angetrieben thermoplastische Bänder mit Schnell-verbindern endlos geschlossen. (Siehe Abb. 2.18.)

Die Schnellverbinder sind ähnlich der Scharnierverbindung bei einem Modulband.

Diese Schnellverbinder, wenn auch nicht unbedingt hygienisch, machen z. B. bei Förderern in engen und schwer zugänglichen Maschinen Sinn.

Zur Demontage des Bandes braucht man nur den Scharnierstift herauszuziehen und das Endlosband kann geöffnet einfach aus dem Förderer herausgezogen werden.

Außerhalb kann das Band und auch die vermeintlich unhygienische Schnellverbindung dann gründlich gereinigt und desinfiziert werden.

Bei Bändern mit Schnellverbindern muss geprüft werden, ob diese mit dem Profil des Trommelmotors oder der Antriebstrommel auch kompatibel sind.

Gängige Antriebe in Förderern

3

In den vorrangegangenen Kapiteln haben wir bereits diverse Konstruktionen und Bandtypen kennengelernt.

Das Herz eines Förderers ist jedoch der Antrieb. Er erweckt den Förderer zum Leben.

Eine häufig verwendete Antriebsart sind die Drehstrom-Asynchronmotoren.

Sie können einfach an ein örtliches Dreiphasennetz oder zur Drehzahlveränderung an einem Frequenzumrichter angeschlossen werden.

In leichten Anwendungen, z. B. bei Förderbändern in Supermarkt-Kassentischen, werden heute auch noch einphasige Kondensatormotoren eingesetzt.

Diese Antriebe machen nur noch Sinn, wenn kein Dreiphasennetz zur Verfügung steht und kein Frequenzumrichter verwendet werden kann. Diese Technologie ist für die meisten industriell genutzten Anwendungsbereiche bereits veraltet.

Nachdem die Preise für Frequenzumrichter Elektronik in den letzten Jahren immer günstiger geworden sind, tauchen auch immer mehr synchrone Servomotoren im Markt auf, mit denen nun auch Förderanwendungen realisiert werden können, die in der Vergangenheit noch undenkbar erschienen.

Synchrone Servomotoren sind extrem energieeffizient, dynamisch und vielseitig einsetzbar. Aufgrund extrem kurzer Beschleunigungs- und Abbremszeiten, sehr großen Geschwindigkeitsregelbereichen und hohen Leistungsdichten, gehören den Synchronen Servomotoren die Zukunft in der Fördertechnik.

Zwei Motorbauformen dominieren aktuell die moderne Intralogistik.

Der Trommelmotor, welcher sich nahezu unsichtbar in eine Förderanlage integrieren lässt und daher von vielen Menschen schlichtweg übersehen wird, und die auffälligen Aufsteckgetriebemotoren, die seitlich oder unter einer Förderbandkonstruktion montiert sind und dabei eine Antriebstrommel antreiben.

© Springer-Verlag GmbH Deutschland, ein Teil von Springer Nature 2019
S. Hamacher, *Der Trommelmotor*,
https://doi.org/10.1007/978-3-662-59007-2_3

3.1   Antriebstrommeln mit Aufsteckgetriebemotor

Die meisten, die sich mit Förderbändern beschäftigen, werden zwangsläufig auf Getriebemotoren stoßen, die eine Antriebstrommel antreiben.
Ein Aufsteckgetriebemotor besteht aus zwei wesentlichen Komponenten. (Siehe Abb. 3.1.)
① Der Elektromotor – in vielen Fällen ein Drehstromasynchronmotor
② Das Getriebe – sehr häufig Schneckenrad oder Kegelradgetriebe

Der Elektromotor wird in der Regel an das Getriebe angeflanscht.
Die Rotorwelle des Elektromotors dreht mit einer relativ hohen Geschwindigkeit.
Je nach Polpaarzahl des Asynchronmotors liegt die Drehzahl der Rotorwelle zwischen ca.
450 min^{-1} (bei 12 p Motoren) und ca. 2800 min^{-1} (bei 2 p Motoren) (50 Hz Netz).
Für die Fördertechnik sind diese Drehzahlen jedoch viel zu hoch. Daher benötigt man ein
Getriebe.
Das Getriebe hat die Aufgabe die schnelle Drehzahl der Rotorwelle zu reduzieren und dabei
das Drehmoment zu erhöhen.
    Bei einem Förderband wird der Aufsteckgetriebemotor häufig seitlich oder unter dem
Förderer montiert.
Dadurch geht wertvoller Platz verloren, da der Aufsteckgetriebemotor den Förderer seitlich
oder in der Höhe weiter aufbauen lässt.
Um am Förderbandrahmen nicht noch weiter aufzubauen, wird die Drehbewegung des
Rotors bei Aufsteckgetriebemotoren in vielen Fällen im Getriebe um 90° umgelenkt.
Insbesondere bei Schneckenradgetrieben entsteht dabei sehr viel Verlustreibung.
Viele Schneckenradgetriebe haben daher einen Wirkungsgrad von nur 50–60 %.
Das bedeutet, dass die Leistung des Motors vor dem Schneckenradgetriebe nahezu doppelt
so hoch sein muss, als die benötigte Leistung, die an der Antriebstrommel abgerufen wird.
Das kostet nicht nur unnötig Energie, sondern bedeutet häufig auch, dass der Elektromotor
eine Nummer größer ausgelegt werden muss.
Der Aufsteckgetriebemotor an einem Förderband treibt eine Antriebstrommel an.
Die Antriebstrommel wird in vielen Fällen über eine verlängerte Welle mit Passfeder mit
einer Hohlwelle am Getriebe verbunden.

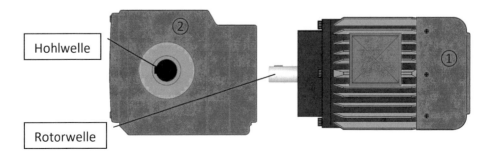

Abb. 3.1 Getriebe und Elektromotor

Abb. 3.2 Antriebstrommel mit externen Kugellagern

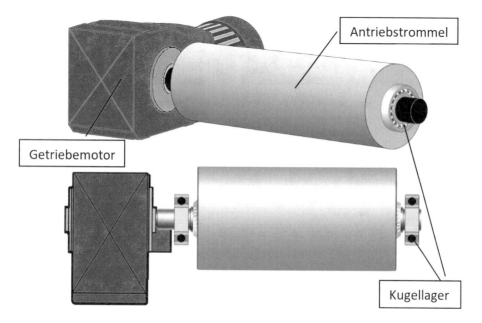

Abb. 3.3 Aufsteckgetriebemotor mit Antriebstrommel und externen Kugellagern

Die Antriebstrommelwelle ist fest mit dem Trommelrohr verbunden, daher muss die Antriebstrommel extern gelagert werden, da sich die komplette Achse mitdrehen muss. (Siehe Abb. 3.2 und 3.3.)

Bei nassen und feuchten Anwendungen, wie sie beispielsweise häufig in der Lebensmittelindustrie vorkommen, müssen die Kugellager regelmäßig nach dem Reinigen nachgefettet werden, da die Kugellagerschmierung durch Wasser ausgespült werden kann.

Dies bedeutet für den Anwender zusätzliche Wartungsarbeiten. Regelmäßiges nachschmieren bedeutet also, regelmäßige Abgabe von Schmiermitteln in die Umgebung. In hygienischen Lebensmittelanwendungen ist die Verteilung von Schmiermitteln im Bereich von Lebensmittel immer problematisch und unerwünscht.

Ein häufig falsch interpretierter Vorteil des Aufsteckgetriebemotors ist die offensichtlich schnelle Demontage des leicht zugänglichen Motors. Jedoch zeigen Erfahrungen aus der

Abb. 3.4 Aufsteckgetriebemotor im Vergleich zum Trommelmotor (Quelle: Interroll.com)

Praxis, dass die Stahlwellen der Antriebstrommeln häufig in der Hohlwelle des Getriebemotors festrosten.

Auch Antriebstrommeln mit Edelstahlwellen können sich in der Hohlwelle des Getriebemotors festsetzen, wenn schmutziges Wasser und somit kleine Fremdkörper in die Passung
gelangen und diese blockieren.

Meist bleibt einem dann nichts mehr anderes übrig, als die Welle der Antriebstrommel
abzusägen und sowohl den Aufsteckgetriebemotor als auch die Antriebstrommel aus-
zutauschen.

Für trockene Logistikanwendungen sind Aufsteckgetriebemotoren sicherlich eine funk-
tionierende Variante um ein Förderband anzutreiben.

Für feuchte und nasse Anwendungen eignen sich die einfachen IP20 oder IP54 Aufsteckgetriebemotoren jedoch nicht.

Dennoch sieht man hin und wieder, Lüfter-gekühlte Getriebemotoren in Lebensmittelanwendungen, die täglich mit Wasser gereinigt werden müssen.

Wenn Wasser durch den Lüfter in den Getriebemotor gelangt, kann es zum Kurschluss
oder sogar zur Lebensgefahr für Personen kommen. Daher werden Getriebemotoren in der
Lebensmittelindustrie gerne mit aufwendigen Edelstahlhauben abgedeckt.

Da die Edelstahlhauben für die Lüfter-Kühlung der Motoren teilweise offen sein müssen,
gelangt immer wieder mal, mit einzelnen Wasserspritzern, Schmutz und Wasser unter die
Abdeckung, wo in der Regel gar nicht oder nur sehr selten gereinigt wird. Dort können
sich dann Bakterien vermehren, die dann über den Lüfter des Getriebemotors durch die
gesamte Lebensmittelproduktion geblasen werden.

Förderer mit Modulband in Lebensmittelanwendungen sollten während der Reinigung,
laufen, damit die Scharniere des Modulbandes sich öffnen können und gereinigt werden
können.

Abb. 3.5 Rostiger IP20 Aufsteckgetriebemotor unter einer Edelstahlabdeckung

IP20 oder IP54 Getriebemotoren, die ohne eine Edelstahlabdeckung an den Förderern montiert wurden, müssen dann vom Reinigungspersonal provisorisch mit einem Plastikbeutel gegen das Eindringen von Wasser geschützt werden.

Wenn der Lüfter den Plastikbeutel am Lüftungsgitter ansaugt, kann keine kühlende Luft mehr in den Getriebemotor nachströmen. Der Getriebemotor überhitzt und verbrennt.

Häufig entstehen in feuchten Umgebungen an nur einfach lackierten Getriebemotoren Roststellen. (Siehe Abb. 3.5.)

Rostige Teile sollten in einer Lebensmittelproduktion grundsätzlich vermieden werden.

Einfache IP20 oder IP54 Getriebemotoren sind daher für die offene Lebensmittelindustrie eher ungeeignet.

Eine Alternative zu Lüfter-gekühlten Getriebemotoren sind geschlossene IP66 oder IP69k Getriebemotoren aus Edelstahl. Sie haben jedoch den Nachteil, dass sie nur über die Oberfläche gekühlt werden können. Dadurch werden sie sehr heiß.

Da sie leicht zugänglich sind, besteht hier die Gefahr, dass sich Personen an der heißen Motoroberfläche verbrennen könnten.

Die Umgebung in offenen Lebensmittelproduktionen wird häufig heruntergekühlt. Dabei sind ineffektive und Wärme produzierende Getriebemotoren kontraproduktiv.

Denn neben den Verlusten, die der Motor und vor allem das Getriebe bereits generieren, muss dann auch noch mehr Energie für die Kühlung der Umgebung aufgewendet werden.

Kurzum, das System aus Getriebemotor und Antriebstrommel ist nicht die optimale Lösung für feuchte und hygienische Förderbandanwendungen in offenen Lebensmittelproduktionen.

3.2   Trommelmotoren

Wie im vorrangegangenem Kapitel bereits beschrieben, haben Aufsteckgetriebemotoren insbesondere in feuchten, nassen und hygienischen Anwendungen, sowie in Anwendungen mit wenig Platz diverse Nachteile.

Diese Nachteile hat man analysiert und als Lösung daraus ist der Trommelmotor hervorgegangen.

Der Trommelmotor vereint den Elektromotor, das Getriebe und die gelagerte Antriebstrommel in *einem* hermetisch geschützten und kompakten Bauelement.

Dadurch kann der Trommelmotor perfekt und platzsparend in ein Förderband integriert werden. Von außen ist der Trommelmotor dann kaum noch zu sehen, quasi unsichtbar.

Die gekapselte Bauform des Trommelmotors hat automatisch schon eine sehr hohe Schutzart gegen das Eindringen von Fremdkörpern und Wasser. In der Regel haben Trommelmotoren die Schutzart IP66 oder IP69k (siehe Abb. 3.6). Sie eignen sich daher bestens für regelmäßige Reinigungsvorgänge mit Wasser und Reinigungsmitteln. Selbst das Reinigen mit Wasser unter Hochdruck ist für einen Trommelmotor kein Problem.

Die ersten industrietauglichen und in Serie gefertigten Trommelmotoren wurde in den frühen 1950er Jahren in Dänemark von John Kirkegaard entwickelt.

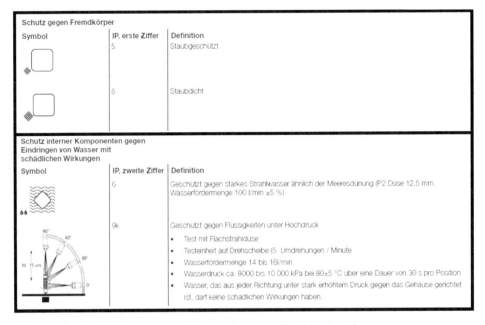

Abb. 3.6 Standard IP Schutzarten bei Trommelmotoren (Quelle: Interroll.com)

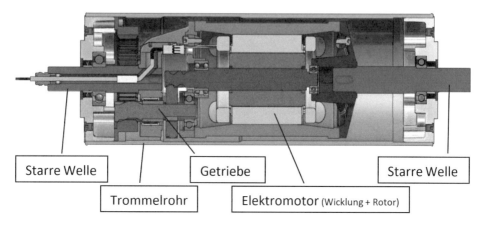

Abb. 3.7 Aufbau eines Trommelmotors

Daraus entstand die Firma JoKi (Die Anfangsbuchstaben aus **Jo**hn und **Kir**kegaard).
1987 wurde JoKi Teil der Interroll Gruppe.

Seit den 1950er Jahren wurde die Trommelmotoren Technologie stetig verbessert und weiterentwickelt.

Heutige Trommelmotoren sind hochmoderne und komplexe Maschinen, die den Anforderungen moderner Industrieanwendungen bestens gewachsen sind.

Beim klassischen Aufbau eines Trommelmotors bilden die starren Wellen, das Elektromotorgehäuse und das Getriebegehäuse eine starre, durchgehende Achse.

Die starre Achse steht links und rechts aus dem Trommelmotor heraus und ist an beiden Seiten in der Regel mit Schlüsselflächen versehen. (Siehe Abb. 3.7.)

Die Achse wird mit den Schlüsselflächen links und rechts in zwei Halterungen gelegt. An den Halterungen liegt das gesamte Drehmoment des Motors an. Die Halterungen müssen dementsprechend für die auftretenden Kräfte stabil genug ausgelegt sein.

Daher ist es wichtig, dass zwischen der Trommelmotorachse und den Halterungen nur ein sehr geringes oder besser noch, kein Torsionsspiel vorhanden ist, um ein Ausschlagen der Trommelmotorenwellen oder der Halterungen zu vermeiden.

Häufig werden die starren Trommelmotorenwellen daher in der Halterung mit Schrauben spielfrei geklemmt. (Siehe Abb. 3.8.)

Die Halterungen sollten nicht zu dünn ausgeführt werden. In der Regel sollten die Halterungen ca. 80 % der Schlüsselflächen abdecken. (Siehe Abb. 3.9.)

Der Rotor des Elektromotors dreht mit einer relativ hohen Geschwindigkeit. Eine Trommeldrehzahl mit z. B. 2800 min^{-1} wäre für eine Anwendung in der Fördertechnik, jedoch viel zu schnell. Daher benötigt man ein Getriebe. Das Getriebe wandelt die hohe Rotordrehzahl um in eine geringere, brauchbare Geschwindigkeit und in ein höheres Drehmoment zur Trommel hin.

In Trommelmotoren werden bevorzugt sehr effiziente Stirnrad- oder Planetengetriebe verwendet.

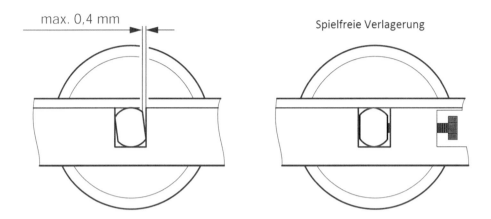

Abb. 3.8 Trommelmotor Aufnahme, Torsionsspiel

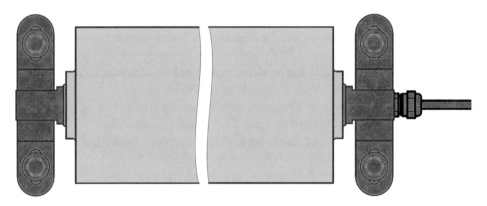

Abb. 3.9 Trommelmotor Aufnahme von oben

Die Wirkungsgrade dieser Getriebe liegen je nach Getriebeart und Anzahl der Getriebestufen zwischen ca. 85–95 %.

Aus diesem Grund kann mit einem Trommelmotor mit deutlich geringerem Energieaufwand das gleiche Drehmoment bei gleicher Geschwindigkeit aufgebracht werden als es beispielsweise bei einem Aufsteckgetriebemotor mit Schneckenradgetriebe möglich wäre. Der Wirkungsgrad von Schneckenradgetrieben liegt nämlich nur bei ca. 50–60 %.

In der letzten Getriebestufe treibt ein Abtriebs Ritzel einen Zahnkranz an. Der Zahnkranz ist fest mit dem Abtriebsdeckel verbunden. Der Abtriebsdeckel ist wiederum fest mit dem Trommelrohr verbunden. (Siehe Abb. 3.10.)

Auf diese Weise wird die Kraft des Elektromotors bzw. des Getriebes auf das Trommelrohr übertragen.

Um die mechanischen Teile wie Getriebe und Kugellager im Trommelmotor zu schmieren und um die Abwärme des Elektromotors besser an das Rohr zu übertragen, werden Trommelmotoren in der Regel mit Öl gefüllt.

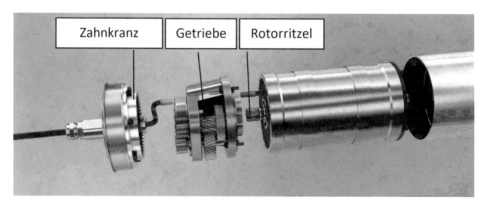

Abb. 3.10 Aufbau eines Trommelmotor Stirnradgetriebes (Quelle: Interroll.com)

Die Ölfüllung muss normalerweise während der gesamten Lebensdauer des Trommelmotors nicht erneuert werden. Das macht moderne Trommelmotoren weitestgehend wartungsfrei, da regelmäßiges Nachschmieren entfällt.

In leichten, trockenen bis feuchten Anwendungen werden hin und wieder noch Trommelmotoren mit nachschmierbaren Dichtungen eingesetzt, da in dieser Bauform das Abdicht-
system an der Achse kostengünstiger realisiert werden kann.

Nachschmierbare Dichtungen beim Trommelmotor eliminieren jedoch den hygienischen
Vorteil des Trommelmotors und sind auch nicht wartungsfrei.

Moderne Trommelmotoren werden daher heute nicht mehr mit nachschmierbaren Dichtungen ausgeführt. (Siehe Abb. 3.11.)

Die jüngste Entwicklung im Bereich Trommelmotoren Technologie sind hoch effiziente
Trommelmotoren mit Synchronmotor Technologie.

Moderne Synchron Trommelmotoren können heute bereits aufgrund ihrer hohen Effizienz
und dadurch geringeren Wärmeentwicklung ohne Ölfüllung ausgeführt werden. Mechanische Teile wie Getriebe und Kugellager werden dann geschlossen und mit einer Fett-
füllung ausgeführt.

Öllose Trommelmotoren werden gelegentlich in hygienischen Anwendungen eingesetzt,
wenn der Trommelmotor in direkten Kontakt mit offenen Lebensmittel kommen kann.

Abb. 3.11 Trommelmotor mit Schmiernippel (Quelle: Interroll.com)

Abb. 3.12 Perfekt in den Förderer integrierter Trommelmotor (Quelle: Interroll.com)

Ölleckagen sind, bei den namhaften Trommelmotoren Herstellern und bei richtiger Verwendung heutzutage, nahezu ausgeschlossen.

Die Dichtsysteme sind erprobt und funktionieren.

Bei billigen Trommelmotorkopien trifft die Aussage jedoch leider nicht immer zu.

Die Qualität eines Trommelmotors kann man, unter anderem, sehr gut an der Qualität und am Aufwand der Ausführung des Dichtsystems erkennen.

Gelegentlich kann es dennoch vorkommen, dass durch zu hohe Bandspannung die Kugellager des Trommelmotors überlastet werden, was als Folgeschaden eine Ölleckage bewirken kann.

Wenn sich im Kugellager durch Überlastung Metallteile ablösen, können diese das Dichtsystem beschädigen. Dem Anwender fällt dann als erstes eine Ölleckage auf, ohne unbedingt den vorangegangenen Kugellagerschaden durch Bandspannung zu erkennen.

Daher hat der Trommelmotor leider den unberechtigten Ruf, nicht immer dicht zu sein. Bei richtiger Handhabung ist diese Aussage jedoch absolut falsch.

Trommelmotoren können vielseitig eingesetzt werden. Klassisch werden Trommelmotoren als Bandantrieb in Förderern eingesetzt.

Da der Trommelmotor komplett in den Förderer integriert werden kann, baut er seitlich nicht weiter auf. (Siehe Abb. 3.12.) Dadurch besteht auch keine Gefahr, dass sich jemand an einem herausstehenden heißen Motor verbrennen kann.

Ein versehentliches Beschädigen des Bandantriebes, z. B. durch einen unachtsamen Gabel-staplerfahrer ist auch ausgeschlossen, denn er muss wenn, dann schon komplett in den Förderer reinfahren um den Trommelmotor zu beschädigen.

Deswegen sind Trommelmotoren in rauen industriellen Anwendungen im Vergleich zu Aufsteckgetriebemotoren wesentlich betriebssicherer.

3.3   Asynchrone Trommelmotoren-Technologie

Asynchronmotoren stellen bei industriellen Anwendungen heute die mit Abstand am wei-testen verbreitete Form von Elektromotoren dar. Sie sind robust und können vergleichs-weise kostengünstig hergestellt werden. Sie besitzen einen guten Wirkungsgrad und lassen sich für konstante Transportgeschwindigkeiten ohne zusätzlich Steuerelektronik betreiben. Für Anwendungen, bei denen es um einen gleichmäßigen Fluss mittelschwerer Waren in normalen Geschwindigkeitsbereichen geht, stellen Asynchronmotoren daher meist die erste Wahl dar.

Grundlagen

Um das komplexe Prinzip des Asynchronmotors zu verstehen, muss man zuerst einige Grundlagen kennen:

1. *Begriffserklärung*:

   U = Volt, elektrische Spannung

   A = Ampere, elektrischer Strom

   ac = Wechselstrom / Spannung (engl. **a**lternating **c**urrent)

   dc = Gleichstrom / Spannung (engl. **d**irect **c**urrent)

2. *Elektrische Spannung*:

   Elektrische Spannung entsteht überall dort, wo es zwischen zwei Punkten unterschied-liche elektrische Ladungen bzw. unterschiedliche Potentiale gibt.

   Die elektrische Spannung ist das Bestreben beider unterschiedlich geladenen Punkte, sich auszugleichen.

   Je größer die Ladungsunterschiede bzw. Potentiale der beiden Punkte sind, desto größer ist die elektrische Spannung.

3. *Elektrischer Strom*:

   Der elektrische Strom ist die gerichtete Bewegung freier Ladungsträger.

   Werden die, wie im Punkt 2 (Elektrische Spannung), unterschiedlich geladenen Punkte mit einem elektrischen Leiter z. B. einem Kupferdraht miteinander verbunden, so fließen die überschüssigen Ladungen des höher geladenen Potentiales durch den Kupferdraht zum weniger geladenen Potential bis beide Punkte gleich geladen sind. Die fließenden Ladungsträger werden als elektrischer Strom bezeichnet.

   Die Anzahl der Ladungsträger, die durch den Kupferdraht in einer bestimmten Zeit fließen können, ist abhängig vom Widerstand des Kupferdrahtes und von der Höhe der elektrischen Spannung.

   Je höher die Anzahl fließender Ladungsträger, desto höher ist der elektrische Strom.

4. *Grundlage: Elektromagnetismus*:

   Ein stromdurchflossener elektrischer Leiter verursacht ein Magnetfeld in seiner Umgebung.

   Durch das Aufspulen eines elektrischen Leiters wird das Magnetfeld bei Stromdurchfluss verstärkt.

5. *Grundlage: Elektromagnetische Induktion*:

   Streift ein Magnetfeld einen elektrischen Leiter, so entsteht im Moment der Magnetfeldänderung in dem elektrischen Leiter eine elektrische Spannung. Diese Spannung wird auch als Induktionsspannung bezeichnet.

   Um kontinuierlich eine Induktionsspannung im elektrischen Leiter zu generieren, muss das Magnetfeld stetig in Bewegung bleiben.

6. *Grundlage: Wechselspannung*:

   Eine Wechselspannung ist eine sich stetig verändernde Spannung, welche in Form einer Sinuskurve dargestellt werden kann.

   Der Kurvenverlauf startet bei 0°, wobei die Spannung 0 V beträgt. Die Spannung steigt sinusförmig an bis sie bei 90° ihren maximalen positiven Spannungsbetrag erreicht (z. B. +325 V). Nachdem der maximale Spannungsbetrag erreicht wurde sinkt die Spannung sinusförmig ab bis sie bei 180° wieder 0 V erreicht. Bei 180° wird die Spannung umgepolt.

   Die Spannung sinkt sinusförmig weiter bis sie bei 270° den maximalen negativen Spannungsbetrag erreicht. (z. B. −325 V).

   Von 270° aus steigt die Spannung wieder sinusförmig bis sie bei 360° wieder die 0 V erreicht. An dieser Stelle wird die Spannung wieder umgepolt und der Prozess beginnt erneut.

   Eine sinusförmige Wechselspannung mit +325 V und −325 V als Spitzenwerte wird als 230 Vac Wechselspannung bezeichnet.

   230 Vac entspricht der gemittelten Wirkspannung, die sich aus der wechselnden Spannung aus +325 V und −325 V ergibt. (Siehe Abb. 3.13.)

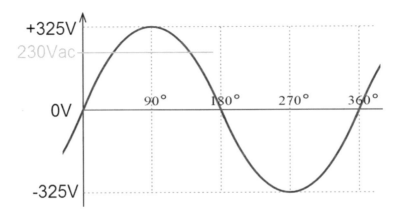

Abb. 3.13 Beispielverlauf einer Wechselspannung

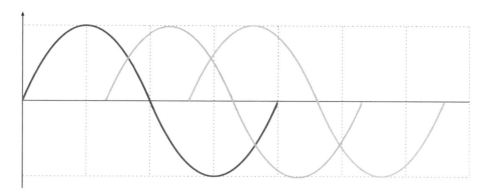

Abb. 3.14 Beispielverlauf einer Dreiphasenwechselspannung

7. *Grundlage: Frequenz*:
   Die Frequenz einer Wechselspannung gibt an, mit welcher Geschwindigkeit sich die
   Wechselspannung verändert bzw. mit welcher Geschwindigkeit die Wechselspannung
   schwingt.
   Die Einheit der Frequenz ist Hertz [Hz]. 1 Hz = 1 Sinuskurve pro Sekunde.
8. *Grundlage: Dreiphasenwechselspannung*:
   Eine Dreiphasenwechselspannung ist eine Spannung, die aus drei einzelnen Wechsel-
   spannungen gleicher Frequenz besteht.
   Die drei einzelnen Wechselspannungen sind zueinander um 120° phasenverschoben.
   Durch die Dreiphasen Wechselspannung kann mit wenig Aufwand ein sogenanntes
   Drehfeld erzeugt werden.
   Ein Drehfeld ist nötig, damit sich der Asynchronmotor drehen kann. (Siehe Abb. 3.14.)

Aufbau des Asynchronmotors
Der Asynchronmotor besteht aus zwei wesentlichen Komponenten.
1. Der Stator oder auch Wicklung genannt.
2. Der Rotor oder auch Käfigläufer oder Kurzschlussläufer genannt.

Der Stator
Ein mit Lack isolierter Kupferdraht wird zu einer Spule aufgewickelt. (Siehe Abb. 3.15.)
Je nach Ausführung kann eine solche Spule mehrere hundert Windungen haben.
Eine Kupferspule hat die Eigenschaft, das elektromagnetische Feld eines stromdurchflosse-
nen Leiters zu verstärken. Das bedeutet, dass ein aufgewickelter Draht ein deutlich höheres
elektromagnetisches Feld erzeugt als ein ausgerollter Draht gleicher Länge.
Schließt man an die Kupferspule eine Wechselspannung an, dann entsteht zunächst durch
den Stromfluss im Kupferdraht ein elektromagnetisches Feld.
Der sich stetig verändernde Spannungsbetrag der Wechselspannung bewirkt ein sich stetig
in Stärke und Ausrichtung veränderndes Magnetfeld. (Siehe Abb. 3.16)

Abb. 3.15 Kupferspule zur Erzeugung von elektromagnetischen Feldern

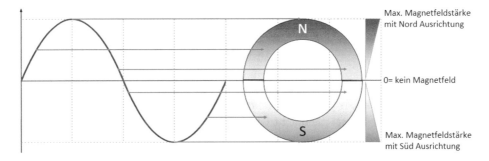

Abb. 3.16 Magnetfeld einer Kupferspule an Wechselspannung

In einer Asynchronmotorwicklung werden drei Kupferspulen räumlich im Winkel von 120°
zueinander angeordnet.
Die drei Spulen werden mit den Buchstaben U, V und W gekennzeichnet.
Der Anfang einer Spule wird mit 1 und der Ausgang mit 2 beschriftet.

An die drei Kupferspulen wird je eine Phase der Dreiphasenwechselspannung angeschlossen.
In den 120° räumlich versetzten Spulen wirken nun auch die um 120° verschobenen Wechselspannungen. (Siehe Abb. 3.17.)

Dadurch entstehen zeitlich zueinander versetzte, sich stetig ändernde und umpolende
elektromagnetische Felder, die so aufeinander abgestimmt sind, dass sich zwischen den
drei Kupferspulen ein drehendes Elektromagnetfeld bildet.
Zur Verstärkung und Lenkung der Magnetfeldlinien, werden die Kupferspulen um Eisen-
pakete gewickelt.
Um verlustreiche und wärmegenerierende Wirbelströme, sog. Eisenverluste, durch un-
gewünschte elektromagnetische Induktion im Eisenkern zu minimieren, bestehen Eisen-
pakete, moderner Asynchronwicklungen, aus mehreren dünnen Blechschichten. Die Blechschichten sind zueinander elektrisch isoliert und werden mit Nieten oder Schweißpunkten
zu einem festen Eisenpaket zusammengeführt. (Siehe Abb. 3.18.)

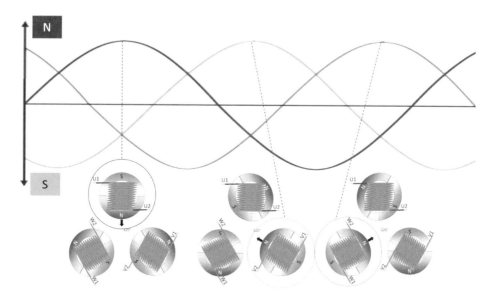

Abb. 3.17 Elektromagnetische Feldbildung mit einer Dreiphasenwechselspannung

Abb. 3.18 Klassische Asynchronwicklung im Eisenpaket

Der Rotor

Das verrückteste Bauteil am Asynchronmotor ist definitiv der Rotor oder auch Käfigläufer
oder Kurzschlussläufer genannt.

Ein sogenannter Käfigläufer ist, wie der Name schon vermuten lässt, wie ein runder Käfig
aufgebaut. (Siehe Abb. 3.19.)

Abb. 3.19 Prinzipieller Aufbau
eines „Käfigläufer"

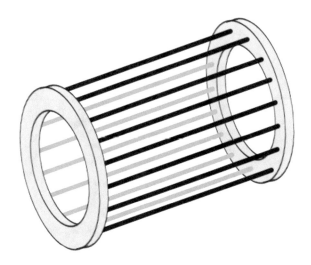

Abb. 3.20 Käfigläufer in der
Realität

Der Käfigläufer besteht, wie auch die Asynchronwicklung, aus einem geblechten Eisenkern. Im Eisenkern sind mehrere Nuten ausgestanzt, welche in der Regel mit Aluminium
ausgegossen werden. So entsteht um den isolierten Eisenkern ein Aluminium Käfig.
Die Käfigstäbe sind dabei an beide Enden durch geschlossenen Aluminiumringe, elektrisch
kurzgeschlossen.
Aufgrund des Kurzschlusses der Gitterstäbe nennt man den Käfigläufer auch häufig Kurzschlussläufer. (Siehe Abb. 3.20.)
Der Kurzschlussläufer wird im Zentrum der drei Kupferspulen der Asynchronwicklung
drehend gelagert montiert. (Siehe Abb. 3.21.)

Funktionsprinzip des Asynchronmotors

Da sich die elektromagnetischen Felder der drei Kupferspulen stetig verändern, entsteht
nach dem Prinzip der elektromagnetischen Induktion eine Induktionsspannung in den Gitterstäben des Aluminiumkäfigs des Rotors.
Die Höhe der Spannung ist dabei abhängig von der Intensität des elektromagnetischen
Feldes am Gitterstab und ist daher von Gitterstab zu Gitterstab unterschiedlich hoch.

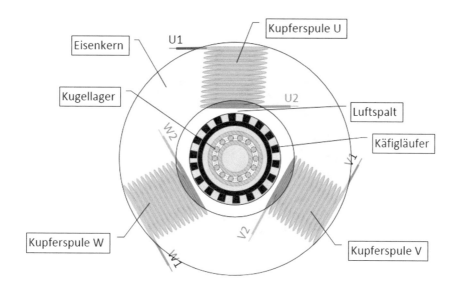

Abb. 3.21 Prinzipieller Aufbau eines Asynchronmotors mit Käfigläufer

Dadurch haben die Induktionsspannungen der einzelnen Stäbe unterschiedlich hohe Spannungspotentiale.

Durch den Kurzschluss der Gitterstäbe an deren Enden findet ein Potentialausgleich zwischen den Gitterstäben statt.

Der Potentialausgleich hat eine gerichtete Bewegung von Leitungsträgern zur Folge, was letztendlich bedeutet, dass ein elektrischer Strom durch die Gitterstäbe fließt.

    Nach dem Prinzip des Elektromagnetismus bewirkt ein Stromdurchflossener Leiter ein elektromagnetisches Feld.

Das bedeutet nun, dass sich um die Gitterstäbe des Käfigläufers eigenständige Magnetfelder bilden, die wiederum von den umlaufenden Magnetfeldern der Asynchronwicklung angezogen werden.

Diese magnetische Anziehungskraft bewirkt schlussendlich, dass sich der Käfigläufer in Bewegung setzt. (Siehe Abb. 3.22.)

Der Aufbau des elektromagnetischen Feldes im Käfigläufer dauert eine gewisse Zeit.

Die zeitliche Verschiebung zwischen dem Elektromagnetfeld der Kupferspulen am Stator und dem induktiv generierten Elektromagnetfeld am Rotor bewirkt, dass der Käfigläufer immer etwas langsamer drehen muss als das umlaufende Magnetfeld im Stator.

Der Rotor kann sich also nie mit dem umlaufenden Magnetfeld des Stators synchronisieren.

Er dreht demzufolge mit asynchroner Drehzahl zum Stator Magnetfeld.

Daher nennt man dieses Motorprinzip auch Asynchronmotor.

Den Unterschied zwischen der Magnetfelddrehzahl am Stator und der Rotordrehzahl nennt man Schlupf.

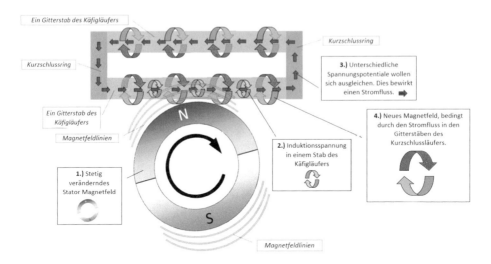

Abb. 3.22 Elektromagnetische Induktion

Wird der Schlupf, z. B. durch mechanische Belastung der Rotorwelle, größer, dann steigt automatisch der Strom in den Kupferspulen im Stator, was wiederum eine stärkeres elektromagnetisches Feld im Stator und im Rotor bewirkt.

Durch die Kraftwirkung der nun stärkeren Magnetfelder im Stator und Rotor erhöht sich das mechanisch abrufbare Drehmoment an der Rotorwelle.

Der erhöhte Strom und die dadurch resultierende stärkere magnetische Kraft, generiert größere Wärmeverluste, sodass die mechanische Belastung der Rotorwelle einen bestimmten Punkt nicht überschreiten darf, wenn der Asynchronmotor auf Dauer nicht überlastet werden soll.

Diesen Punkt nennt man Arbeitspunkt. Der an diesem Punkt resultierende elektrische Strom in den Kupferspulen des Stators nennt man Nennstrom.

In der Regel ist der Arbeitspunkt der Punkt, an dem der Asynchronmotor im Verhältnis zur hinzugefügten und abgegebenen Leistung am effizientesten arbeitet.

Großer Vorteil des Asynchronmotors ist seine einfache und robuste Bauweise und das der Motor selbstständig an einem Dreiphasenwechselspannungsnetz anlaufen kann.

Der Nachteil ist jedoch, dass insbesondere kleinere Asynchronmotoren, relativ ineffizient arbeiten.

Der Kurzschluss der Induktionsspannung im Rotor generiert Verluste, die in Wärme umgesetzt werden.

Die Effizienz eines Asynchronmotors wird unter anderem auch über das Verhältnis von Luftspalt zwischen Rotor und Stator und der Masse des Rotors definiert.

Da man aus fertigungstechnischen Gründen den Luftspalt nicht unendlich klein ausführen kann, ist der Luftspalt bei kleinen Asynchronmotoren im Verhältnis zur Masse des Rotors wesentlich größer als bei großen leistungsstärkeren Motoren.

Je größer der Luftspalt im Verhältnis zur Rotormasse ist, desto mehr Verlustwärme wird im Asynchronmotor generiert.

Nachteil des Käfigläufers

Der geblechte und isolierte Eisenkern im Rotor, welcher vom Aluminiumkäfig umgeben ist, wird benötigt, um das elektromagnetische Feld des Rotors zu verstärken und in die richtige Richtung zu lenken.

Das hohe Gewicht des Eisenkerns macht den Rotor jedoch schwer, wodurch der Rotor eine hohe Massenträgheit hat.

Die Beschleunigung einer großen Massenträgheit ist immer mit einem trägen Anlauf verbunden. Das bedeutet, dass insbesondere bei hoch dynamischen Anwendungen mit Asynchronmotoren im Anlauf immer sehr viel Energie notwendig ist, wenn der Rotor schnell beschleunigt werden soll.

Da der Rotor im Moment des Einschaltens stillsteht, ist der Schlupf kurzfristig 100 %. Das bedeutet, dass kurzfristig der 3–8 fache Nennstrom durch die Statorwicklungen fließen muss, um ein übererregtes Magnetfeld zu erzeugen, welches das Massenträgheitsmoment des Rotors und die daran angeschlossenen Last überwinden kann.

Wird viel Energie benötigt, bedeutet das automatisch, dass auch mehr Verlustwärme generiert wird. Auf Dauer führt eine zu dynamische Anwendung, bei der ein Asynchronmotor schnell und häufig gestartet und gestoppt werden muss, zu einer starken Erwärmung bis hin zur Überhitzung des Motors.

Daher hat die Asynchronmotortechnik, insbesondere bei dynamischen Anwendungen seine Grenzen.

Asynchronmotor Ausführungen

Asynchronmotoren können als 2-, 4-, 6-, 8- oder 12-polige Motoren ausgeführt werden.
Je nach Ausführung werden die Kupferspulen im Stator anders gewickelt bzw. angeordnet.

2-polige Wicklungen besitzen 1 Polpaar, 4-polige Wicklungen 2 Polpaare, 6-polige Wicklungen 3 Polpaare usw..

Die Rotordrehzahl ist abhängig von der Frequenz der anliegenden Dreiphasenwechselspannung und von der Anzahl der Polpaare des Stators. (Siehe Abb. 3.23.)

Die Rotordrehzahl eines Asynchronmotors errechnet sich wie folgt:

ns = Synchrone Drehzahl am Stator
s = Schlupf
f = Frequenz der elektrischen Spannung
p = Polpaarzahl
nr = Rotor Drehzahl

Formel:

$$nr = \frac{f \times 60s}{p} - s$$

Verschiedenpolige Statorwicklungen ermöglichen eine grobe Anpassung der Rotordrehzahl zur jeweiligen Anwendung.

Dabei gilt, je weniger Pole die Wicklung hat, desto effizienter arbeitet sie.

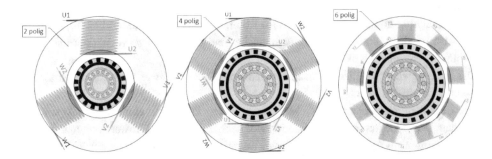

Abb. 3.23 Aufbau verschiedenpoliger Asynchron Statoren

2-polige Wicklungen sind in der Regel am effizientesten.

Dennoch werden in der Fördertechnik häufig 4-polige Asynchronmotoren bevorzugt, da sie sich durch eine sehr gute Laufruhe auszeichnen und ausreichend effizient arbeiten.

6-, 8- und 12- polige Wicklungen setzt man in der Regel nur dort ein, wo sehr langsame Geschwindigkeiten mit viel Kraft benötigt werden. Bei der Auslegung muss man jedoch die Kühlung dieser Motoren beachten. Im Bereich der sehr kleinen Asynchronmotoren (unter 100 W) sind 6-, 8- und 12-polige Asynchronmotoren extrem ineffizient und produzieren mehr Hitze als mechanische Leistung. Daher findet man 6-, 8- und 12-polige Motoren im Bereich der kleinen Leistungen so gut wie nie.

Grundsätzlich gilt, je mehr Pole ein Asynchronmotor hat, desto teurer ist die Statorwicklung.

Das liegt zum einen daran, dass für mehrpolige Wicklungen deutlich mehr teures Kupfer verwendet werden muss. Zusätzlich sind mehrpolige Wicklungen in der Fertigung deutlich aufwändiger.

Wenn man bedenkt, dass man bei einer 12-poligen Wicklung 18 Spulen im Stator unterbringen muss, und bei einer 2-poligen Wicklung im vergleichbaren Bauraum nur 3 Spulen, erklärt dies warum mehrpolige Wicklungen im Vergleich teurer sind.

Kühlung des Asynchronmotors

Da man um Verluste, die in Wärme umgesetzt werden, beim Asynchronmotor niemals herumkommt, muss man für eine ausreichende Kühlung des Motors sorgen.

Bei herkömmlichen Getriebemotoren ist daher ein Lüfterrad an der Rotorwelle montiert und das Statorgehäuse wird luftdurchlässig ausgeführt, sodass kühlende Luft an einem Ende angesaugt und am anderen Ende herausgeblasen werden kann. (Siehe Abb. 3.24.)

Die Luftkühlung funktioniert für Standardanwendungen, hat aber bei Anwendungen, bei der die Drehzahl mittels Frequenzumrichter geregelt werden soll, einige Nachteile.

Wird ein luftgekühlter Getriebemotor mit einem Frequenzumrichter zu langsam betrieben, dann ist unter Umständen die Luftumwälzung durch das langsam drehende Lüfterrad nicht mehr ausreichend.

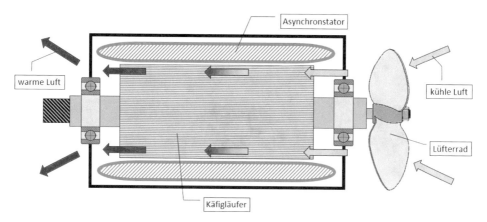

Abb. 3.24 Asynchronmotor mit Lüfterkühlung

Wird ein lüftergekühlter Asynchronmotor über Nenndrehzahl betrieben, so generiert das schneller drehende Lüfterrad, einen größeren Luftwiderstand, was den Rotor abbremst. Der größere Luftwiderstand des schnell drehenden Lüfters verschlechtert daher die Effizienz des Motors.

Durch die Luftschlitze im Statorgehäuse kann zudem Staub, Dreck und Feuchtigkeit eingesaugt werden.

Insbesondere in nassen oder staubigen Umgebungen sollte ein lüftergekühlter Motor nicht eingesetzt werden.

Die Motorkühlung eines Trommelmotors hingegen funktioniert auf eine ganz andere Art und Weise.

Der Trommelmotor ist komplett hermetisch gekapselt und durch seine hohe Schutzart von IP66 oder IP69k können kein Staub und keine Feuchtigkeit in den Trommelmotor eindringen.

Eine Lüfterkühlung macht in einem geschlossenen Raum daher keinen Sinn.

Ein Trommelmotor hat eine Ölkühlung, die gleich drei Aufgaben erfüllt.

1. Das Öl schmiert mechanische Komponenten, wie z. B. Getriebe oder Kugellager.
2. Das Öl transportiert die Wärme von der Wicklung an das Trommelrohr.
3. Das Öl sorgt für eine gleichmäßigere Aufwärmung des Trommelrohres.

Der klassische Anwendungsfall für Trommelmotoren sind Bandantriebe.

Der Fördergurt kann zu Motorkühlung verwendet werden. Er nimmt im Betrieb ein Teil der Wärme des Trommelrohres auf. (Siehe Abb. 3.25.)

Im Untertrum und Obertrum kann das Förderband abkühlen bis es nach einem Umlauf wieder kühl genug ist, um wieder Wärme vom Trommelrohr aufzunehmen.

So zieht das Band ständig die Wärme vom Trommelrohr weg.

Dieses Prinzip funktioniert auch noch, wenn das Trommelrohr mit einer Gummibeschichtung bis ca. 8 mm beschichtet worden ist.

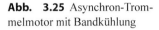 **Abb.** **3.25** Asynchron-Trommelmotor mit Bandkühlung

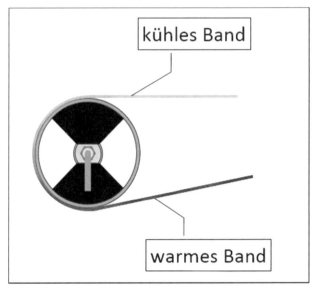

Je nach Motorausführung, Belastung und Umgebungstemperatur, kann die Trommeltemperatur eines Asynchron-Trommelmotors, in Kombination mit einer Bandkühlung, ca. 30–60 °C betragen.

Trommelmotoren können aber auch in Anwendungen ohne Bandkühlung eingesetzt werden.

Hierfür muss der Trommelmotor lediglich großzügiger dimensioniert werden.

Obwohl der Asynchronmotor bei Überdimensionierung nicht mehr im Arbeitspunkt betrieben wird, generiert er aufgrund der geringeren Leistungsabgabe auch weniger Verlustwärme. In Summe läuft der Motor also kühler.

Die Wärme am Trommelrohr kann nun nur noch an die umgebene Luft abgegeben werden. Daher sollte eine Anwendung, in der ein Trommelmotor ohne Bandkühlung eingesetzt wird, nicht in einer Umgebung wärmer als +25 °C betrieben werden.

Je nach Motorausführung, Belastung und Umgebungstemperatur, kann die Trommeltemperatur eines Asynchron-Trommelmotors ohne Bandkühlung und mit ca. 10–20 % Leistungsreserven, ca. 70–90 °C betragen.

Als Faustformel gilt, solange der Motornennstrom nicht überschritten wird und solange der Wicklungsschutzkontakt nicht auslöst ist alles OK.

3.4   Synchrone Trommelmotoren-Technologie

Der Stator des Synchronmotors ist zwar in der Regel etwas anders aufgebaut als ein Asynchronstator, aber im Funktionsprinzip sind beide Statoren ähnlich.

Der Synchronstator besteht im Wesentlichen auch aus Kupferspulen und geblechten Eisenkernen.

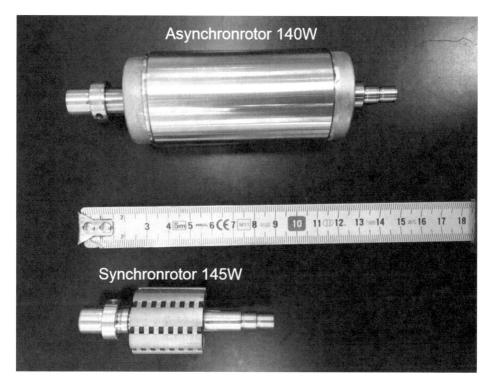

Abb. 3.26 Permanentmagnet-Synchronrotor im Vergleich zum Asynchronrotor

Der konstruktive Hauptunterschied zwischen Asynchron- und Synchronmotoren liegt im Rotor.

Im Rotor des Synchron Trommelmotors sind sehr starke Neodym Permanentmagnete zwischen einem geblechten Eisenkern eingelassen oder außen aufgeklebt. Dadurch besitzt der Rotor des Synchronmotors ein eigenes permanentes Magnetfeld.

Das aufwendige und energiereiche Aufbauen eines Magnetfeldes im Rotor, wie beim Käfigläufer des Asynchronmotors, entfällt also komplett.

Das ist einer der Hauptgründe, warum Synchronmotoren deutlich effizienter arbeiten können als Asynchronmotoren.

Der Käfigläufer von Asynchronmotoren besitzt eine große Masse und Oberfläche um ein entsprechend starkes Magnetfeld im Rotor erzeugen zu können.

Da der Synchronrotor bereits ein starkes Magnetfeld besitzt, kann dieser daher deutlich kleiner und leichter ausgeführt werden. (Siehe Abb. 3.26.)

Funktionsprinzip des Synchronmotors

Ähnlich wie beim Asynchronmotor erzeugt eine Dreiphasenwechselspannung im Synchronstator ein drehendes Magnetfeld.

Durch die im Rotor angebrachten Neodym Permanentmagneten besitzt der Synchronrotor ein eigenes, permanentes Magnetfeld.

Das Permanentmagnetfeld wird vom umlaufenden Magnetfeld des Synchronstators angezogen.

Da zur Erzeugung des Magnetfeldes im Synchronrotor keine Zeit mehr benötigt wird, kann sich der Rotor mit dem Magnetfeld des Stators synchronisieren.

Der Rotor dreht sich also mit der gleichen Geschwindigkeit wie das umlaufende Magnetfeld im Stator.

Daher nennt man diese Motortechnologie auch Synchronmotor.

Doch so einfach, wie sich das Funktionsprinzip des Synchronmotors im ersten Moment anhört, ist es aber nicht.

Damit sich der Permanentmagnetrotor mit dem umlaufenden Magnetfeld des Stators synchronisieren kann, muss der Synchronmotor mit einer Rampe angefahren werden.

Betreibt man einen Synchronmotor direkt am Netz, entsteht im Stator sofort ein mit Netzfrequenz umlaufendes Magnetfeld, welches so schnell ist, dass es der Permanentmagnetrotor durch seine Trägheit nicht schafft, sich mit dem Magnetfeld zu synchronisieren.

Wenn der Synchronmotor asynchron zum Statormagnetfeld betrieben wird, entsteht große Hitze und der Synchronmotor läuft Gefahr zu überhitzen bzw. zu verbrennen.

Daher darf ein Synchronmotor niemals direkt am Netz betrieben werden.

Ein Synchronmotor muss zwangsläufig immer mit einem geeigneten Frequenzumrichter betrieben werden.

Mit dem Frequenzumrichter kann die Frequenz und Spannung mit einer Rampe hoch- bzw. runtergefahren werden.

Eine Anlauframpe bedeutet aber nicht, dass der Synchronmotor langsam anlaufen muss, im Gegenteil, die Rampe kann sehr kurz sein (0,1 s oder kürzer).

Ein Asynchronmotor kann zwar direkt am Netz betrieben werden, doch das Verhalten im Anlauf ist recht träge. Somit ist der Anlauf eines Asynchronmotors, abhängig vom Massenträgheitsmoment, in der Regel immer langsamer als der Anlauf eines Synchronmotors am Frequenzumrichter mit kleinster möglicher Anlauframpe.

Aber der Synchronmotor benötigt nicht nur für den Anlauf einen geeigneten Frequenzumrichter. Auch während des Betriebes muss der Synchronmotor permanent überwacht und bei Bedarf nachgeregelt werden.

Dazu benötigt der Frequenzumrichter ständig Informationen über die aktuelle Rotorposition des Synchronmotors.

Über die aktuellen Rotorpositionsdaten erkennt der Frequenzumrichter, ob der Rotor synchron zum Statormagnetfeld dreht.

Wenn sich die Rotordrehzahl aufgrund von z. B. Lastwechseln ändert, erkennt dies der Frequenzumrichter und kann mittels Spannungsänderungen in den Kupferspulen den Magnetisierungsstrom bei Bedarf beeinflussen.

Wird ein hohes Drehmoment benötigt, erhöht der Frequenzumrichter die Spannung in den Kupferspulen des Stators, was einen höheren Magnetisierungsstrom und somit ein stärkeres Statormagnetfeld zur Folge hat.

Der Synchronrotor, welcher zuvor von der höheren Last abgebremst wurde, wird nun vom stärkeren Statormagnetfeld kraftvoller angezogen, bis wieder die Synchrondrehzahl erreicht wird.

Der Frequenzumrichter regelt also kontinuierlich die Stärke des Statormagnetfeldes, welches je nach Belastung stetig angepasst werden muss.

Die aktuellen Rotorpositionsdaten bzw. die benötigte Drehzahlregelung kann in zwei wesentlichen Arten realisiert werden:

1. Geschlossener Regelkreis mit Drehgeberrückführung
2. Sensorlose Vektorregelung

Das Funktionsprinzip der beiden Regelarten wird im Kapitel „Frequenzumrichter und Gebersysteme" noch im Detail erklärt.

Synchronmotoren haben lange Zeit keine große Rolle gespielt, da es keine geeigneten Ansteuerungsmöglichkeiten gab.

Dies hat sich jedoch in den letzten Jahren stark geändert und mittlerweile gibt es ein sehr breites und kosteneffektives Angebot verschiedener Frequenzumrichter und Regler auf dem Markt, welche Synchronmotoren richtig ansteuern können. Daher gewinnt der Synchronmotor in den verschiedensten Industriebereichen immer mehr an Bedeutung.

Vorteile des Synchronmotors

1. Synchronmotoren sind deutlich effizienter, da keine Energie verschwendet werden muss, um ein Magnetfeld im Rotor zu generieren.
2. Durch den kleineren Rotor fällt der Synchronmotor baulich kleiner aus.
3. Da der Synchronrotor kleiner und leichter ist, kann er schneller beschleunigt und abgebremst werden.
4. Aufgrund der Drehzahlregelung mittels Frequenzumrichter oder Servoregler bleibt die Motordrehzahl, unabhängig von der Belastung, immer nahezu gleich.

Da heutzutage beim Großteil der Anwendungen in der Fördertechnik ohnehin Frequenzumrichter benötigt werden, ist es kein wirklicher Nachteil, dass man einen Synchronmotor immer mit einem Frequenzumrichter verwenden muss.

Synchronmotoren haben noch eine spezifische Eigenschaft, die elektrisierend sein kann. Vielen Menschen ist nicht bewusst, dass ein Synchronmotor gleichzeitig auch ein Generator ist. Durch den Permanentmagnetrotor erzeugt ein mechanisch angetriebener Synchronmotor ohne weitere Hilfsmittel oder Bauteile sofort elektrische Spannung.

Hierbei ist insbesondere während der Installation eines Synchrontrommelmotors in ein Förderband Vorsicht geboten. Denn die entstehende Spannung an den Motorlitzen, durch z. B. manuelles Bewegen des Synchrontrommelmotors durch den Fördergurt, kann bei Berührung zu einem elektrischen Schlag führen.

Daher sollten die Motorlitzen während des Einbaus des Synchronmotors stets elektrisch isoliert sein.

Ein weiteres, häufig falsch interpretiertes Phänomen des Synchronmotors entsteht, wenn zwei oder drei Motorlitzen miteinander kurzgeschlossen sind.

Bei kurzgeschlossenen Motorlitzen lässt sich ein Synchrontrommelmotor nur noch sehr schwergängig drehen. Man könnte nun vermuten, dass es sich um einen mechanischen Defekt im Motor handelt.

Wenn man jedoch den Kurzschluss der Motorlitzen beseitigt, kann der Motor wieder leicht-gängig gedreht werden.

Der Grund für dieses Verhalten ist die Induktionsspannung, die im generatorischen Betrieb vom Synchronmotor erzeugt wird.

Wird die Generatorspannung an den Motorlitzen kurzgeschlossen, dann entsteht in der Motorwicklung ein gegenläufiges Magnetfeld, das den Motor abbremst.

Frequenzumrichter und Gebersysteme

4

Frequenzumrichter und Drehgeber sind aus der modernen Fördertechnik nicht mehr wegzudenken.

Jedoch sind Frequenzumrichter und Drehgeber komplexe elektronische Bauteile bei denen es gewisse Regeln zu beachten gilt.

Bei den Frequenzumrichtern unterscheidet man zwischen U/f geregelten und sensorlos geregelten Frequenzumrichtern.

Gebersysteme sind auf der Rotorwelle montierte Sensoren, welche Informationen zur aktuellen Rotorposition und Geschwindigkeit ermitteln können.

Wird ein Motor mit Drehgeber und ein Frequenzumrichter zusammen in einem geschlossenen Regelkreis miteinander verwendet, spricht man in der Regel von einem Servosystem bzw. der Frequenzumrichter wird dann als Servoregler bezeichnet.

Die Unterschiede der verschiedenen Frequenzumrichter und Drehgeberarten werden im folgenden Kapitel erklärt.

4.1   Frequenzumrichter

Ein Frequenzumrichter wird benötigt, wenn man die Geschwindigkeit eines Dreiphasen-Asynchron- oder Synchronmotors verändern will.

Es gibt Frequenzumrichter mit verschiedenen Funktionen für unterschiedliche Motortechnologien und Anwendungen.

Grundsätzlich kann ein Frequenzumrichter vereinfacht mit vier Hauptbestandteilen erklärt werden:

Gleichrichter, Zwischenkreis, Steuerkreis, Wechselrichter (siehe Abb. 4.1.)

© Springer-Verlag GmbH Deutschland, ein Teil von Springer Nature 2019
S. Hamacher, *Der Trommelmotor*,
https://doi.org/10.1007/978-3-662-59007-2_4

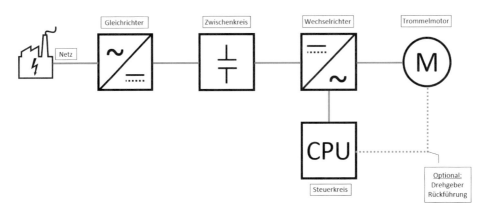

Abb. 4.1 Vereinfachtes Blockschaltbild eines Frequenzumrichters

Der Gleichrichter

Der Gleichrichter wandelt die Wechselspannung aus dem Netz in eine pulsierende Gleich-
spannung um. (Siehe Abb. 4.2.)
Der Gleichrichter klappt dafür die negative Halbwelle der Sinusspannung in eine positive
Halbwelle um.
Dieses Prinzip funktioniert mit einer Einphasen- oder Dreiphasenwechselspannung.
Wird der Frequenzumrichter mit einer Dreiphasenwechselspannung eingespeist, arbeitet
dieser in der Regel etwas effizienter.

Der Zwischenkreis

Der Zwischenkreis besteht im Wesentlichen aus Kondensatoren. Ein Kondensator kann
elektrische Ladungen speichern und wird zur Glättung der pulsierenden Gleichspannung
benötigt. (Siehe Abb. 4.3.)

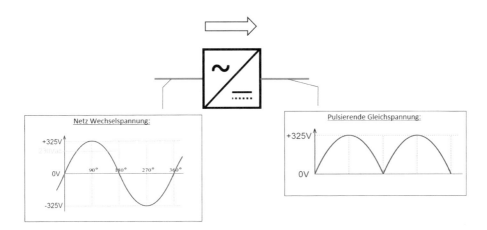

Abb. 4.2 Gleichrichter

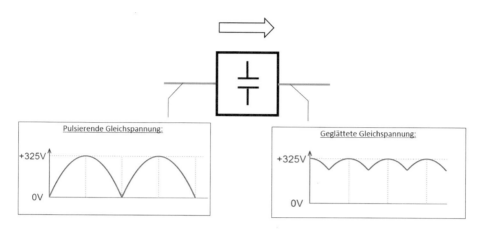

Abb. 4.3 Zwischenkreis

Der Kondensator glättet die pulsierende Gleichspannung, indem er seine gespeicherte elektrische Ladung immer dann frei gibt, wenn sich die pulsierende Gleichspannung in einem Tal befindet.

Befindet sich die pulsierende Gleichspannung in einem Hoch, dann lädt sich der Kondensator wieder auf.

Die durch den Kondensator geglättete Gleichspannung pulsiert nun nur noch minimal.

Durch weitere elektronische Maßnahmen kann eine nahezu perfekte Gleichspannung moduliert werden.

Der Spannungsbetrag der Gleichspannung entspricht in etwa dem Spitzenwert der Eingangswechselspannung. (Faktor $\sqrt{2} \times \mathrm{Vac}$)

Bei Frequenzumrichtern mit 230 Vac Einspeisung ergibt sich somit eine Zwischenkreisgleichspannung vom ca. 325 Vdc.

Bei Frequenzumrichtern mit 400 Vac Einspeisung beträgt die Zwischenkreisgleichspannung ca. 560 Vdc.

Der Wechselrichter

Der Wechselrichter ist das Herzstück des Frequenzumrichters.

Im Wechselrichter wird aus der Zwischenkreisgleichspannung wieder eine Wechselspannung moduliert.

Die Art dieser Wechselspannungsherstellung nennt man Pulsweitenmodulation.

Wie der Name schon sagt, wird die Zwischenkreisgleichspannung gepulst, d. h. es werden immer nur kleine Spannungsblöcke durchgeschaltet. Die Spannungsblöcke werden in ihrer Weite und Polarität so gesteuert, dass sich eine variable rechteckige Wechselspannung daraus ergibt. (Siehe Abb. 4.4.)

Der Wechselrichter besteht im Wesentlichen aus mehreren Hochleistungstransistoren, sog. IGBTs.

Transistoren sind elektronische Bauteile, die eine Spannung bzw. einen Strom kontaktlos durchschalten können und das mit einer sehr hohen Frequenz, sprich mit einer sehr hohen und schnellen Schalthäufigkeit.

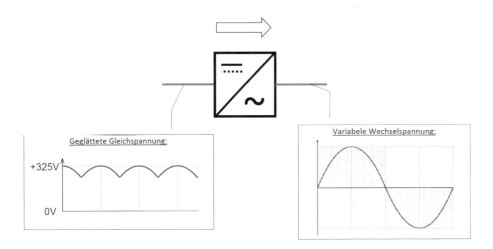

Abb. 4.4 Wechselrichter

Mechanische Schaltelemente wären für die extrem hohen Schaltzyklen ungeeignet und würden den Belastungen beim schnellen Schalten nicht standhalten.

Die IGBTs schalten die Zwischenkreisspannung mit einer Geschwindigkeit von 2–16 kHz (2000–16.000 mal pro Sekunde). Die Schaltfrequenz der IGBTs nennt man auch Takt-frequenz.

Diese variable, elektronisch generierte Spannung, angeschlossen an den Kupferspulen in ei-nem Asynchron- oder Synchron Stator, bewirkt einen nahezu sinusförmigen Stromverlauf.

Je höher die Taktfrequenz, desto glatter wird die Sinuskurve des Motorstromes.

Jedoch bewirkt eine hohe Taktfrequenz auch höhere Verluste im Frequenzumrichter.

Empfehlenswert ist eine Taktfrequenz von ca. 8 kHz.

EMV konforme Installation:

Das hochfrequente Schalten der IGBTs im Wechselrichter hat jedoch einen Nachteil. Jedes Mal, wenn ein IGBT die Zwischenkreisgleichspannung durchschaltet, entsteht dabei eine kurze Überspannungsspitze.

Die Überspannungsspitzen bewirken etwas, das als energiereiche elektromagnetische Funk-wellen beschrieben werden kann, welche in die Umgebung ausgesendet werden und in anderen elektronischen Bauteilen massive Störungen verursachen können.

Daher muss eine Anlage, in der ein Frequenzumrichter verbaut wird, EMV konform verdrahtet werden. (EMV = Elektromagnetische Verträglichkeit)

EMV bedeutet, dass man darauf achten muss, dass umliegende elektrische und elektro-nische Geräte nicht gestört werden.

Die elektromagnetischen Funkwellen, die vom Frequenzumrichter generiert werden, werden durch das Motorkabel in die Umgebung gesendet. Das Motorkabel wirkt dabei wie eine Antenne.

Je länger das Kabel, desto gravierender ist der Störungseffekt.

Um ein Aussenden der Elektromagnetischen Funkwellen zu verhindern, muss das Motorkabel geschirmt sein.

Die Schirmung ist ein engmaschiges Drahtgeflecht, welches beidseitig geerdet werden muss.

Die energiereichen elektromagnetischen Funkwellen werden vom Schirm aufgefangen.

Die dabei entstehende Induktionsspannung wird in die Erde abgeleitet.

Wer einmal einen nichtgeerdeten Schirm während des Betriebes berührt hat, weiß, wie viel Energie in die Erde abgeleitet werden kann, denn beim Berühren eines nicht-geerdeten Schirms kann man einen heftigen Stromschlag bekommen.

Das Motorkabel muss also zwangsläufig immer geschirmt sein und beidseitig geerdet werden.

In der Regel ist die Motorleitung bei Trommelmotoren bereits innerhalb des Motors geerdet, sodass der Anwender den Kabelschirm nur noch an der Anschlussseite erden muss.

Auch Drehgeberleitungen sollten immer mit einem Schirm ausgestattet sein. Der Schirm dient bei Drehgebern, zum Schutz gegen EMV Störungen, die von außen kommen und den Encoder beeinflussen können. Der Schirm der Drehgeberleitung sollte auf dem gleichen Potential geerdet werden, auf dem auch der Schirm der Motorleitung aufgelegt ist.

Neben den energiereichen elektromagnetischen Funkwellen können sich Störungen auch über die Zuleitung des Frequenzumrichters ins Stromnetz ausbreiten.

Diesen sog. Netzrückwirkungen kann man mit Netzfiltern, welche vor den Eingang des Frequenzumrichters geschaltet werden, entgegenwirken.

Der Netzfilter bewirkt jedoch in der Regel einen höheren Ableitstrom zur Erde, wodurch handelsübliche Fehlerstromschutzschalter ausgelöst werden können.

Wer in einer Anwendung mit Frequenzumrichter aus Sicherheitsgründen nicht auf einen Fehlerstromschutzschalter verzichten kann, der muss auf einen sog. „allstromsensitven Fehlerstromschutzschalter" zurückgreifen.

Dieser hat leider den Nachteil, dass er im Vergleich zu einem Standard-Fehlerstromschutzschalter deutlich teurer ist.

Der Steuerkreis

Den Steuerkreis kann man als Gehirn des Frequenzumrichters bezeichnen. Der Steuerkreis besteht aus Mikroprozessoren, die u. a. das Schalten der IGBTs im Wechselrichter steuern. Je nach Ausführung des Frequenzumrichters werden noch weitere komplexe Berechnungen und Steuerabläufe im Steuerkreis realisiert.

Die Qualität und Leistungsfähigkeit eines Frequenzumrichters ist unter anderem auch sehr stark vom Steuerkreis abhängig.

Grundregel für Frequenzumrichter

Wie bereits in den vorrangegangenen Kapiteln beschrieben, ist die Motordrehzahl abhängig von der Geschwindigkeit des umlaufenden Magnetfeldes in den Statorspulen.

Die Geschwindigkeit des umlaufenden Magnetfeldes definiert sich durch die Frequenz der Dreiphasenwechselspannung.

Um die Drehzahl eines Asynchron- oder Synchronmotors zu verändern, muss also die Frequenz verändert werden.

Jedoch muss man darauf achten, dass man mit der Frequenz auch die Spannung im gleichen Verhältnis ändert.

Beispiel:

Nennspannung und Frequenz des Motors: U = 400 V; f = 50 Hz
Rotordrehzahl bei 50 Hz: 2750 U/min
Verhältnis U/f: 400 V / 50 Hz = 8 V/Hz

Frequenzumrichter Ausgangsfrequenz: f = 25 Hz
Frequenzumrichter Ausgangsspannung: 25 Hz × 8 V/Hz = 200 V
Rotordrehzahl bei 25 Hz: 1375 U/min

Im oben beschriebenen Beispiel wird ein 400 V, 50 Hz Motor am Frequenzumrichter mit 25 Hz betrieben.

Die Motordrehzahl und Motorspannung verändert sich dabei im gleichen Verhältnis wie die Frequenz.

Man muss also immer darauf achten, dass das Verhältnis zwischen Spannung und Frequenz (U/f) dem Verhältnis aus Nennspannung und Nennfrequenz entspricht, um den Motor nicht mit Über- bzw. Unterspannung zu betreiben. (Siehe Abb. 4.5.)

Wird ein Asynchron- oder Synchronmotor mit Überspannung betrieben, dann steigt auch der Strom in den Statorspulen und der Motor kann überhitzen oder verbrennen.

Wird ein Asynchron- oder Synchronmotor mit Unterspannung betrieben, dann ist der Strom im Stator und damit die elektromagnetische Kraft der Spulen geringer.

Der Motor wird dadurch schwächer.

Das gesamte Drehmomentverhalten des Motors verändert sich. Ist die Spannung zu gering, wird das Drehmomentverhalten des Motors instabil und bricht irgendwann zusammen.

Die U/f Kennlinie verläuft linear. Die Steigung der U/f Kennlinie wird durch den Eckpunkt (①) definiert. Der Eckpunkt ergibt sich in der Regel aus der Motornennspannung und Nennfrequenz.

Der Eckpunkt ist gleichzeitig auch immer der höchste Punkt der U/f Kennlinie, da er sich immer auf die maximale Ausgangsspannung des Frequenzumrichters bezieht.

Von diesem Punkt an kann man die Spannung nicht mehr weiter erhöhen.

Vom Eckpunkt aus wird die Motordrehzahl in der Regel nach unten hin regeln.

Doch es gibt Grenzen. Insbesondere Asynchronmotoren können nicht beliebig weit nach unten geregelt werden.

Abhängig von der Anzahl der Motorpole, der Reglungsart des Frequenzumrichters und der Leistungsreserven des Motors sollte ein Asynchronmotor nicht zu weit runter geregelt werden. Der Betrieb im unteren Frequenzbereich (②) kann unter Umständen zu Problemen führen.

Abb. 4.5 U/f Kennlinie

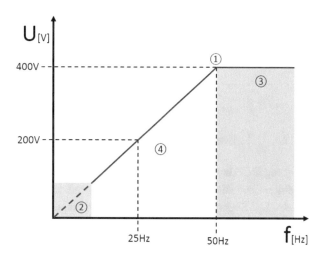

Wird ein Asynchron- oder Synchronmotor oberhalb des Eckpunktes betrieben, läuft er im Feldschwächebereich (③). Wird der Motor zu weit im Feldschwächebereich betrieben, kann das Drehmoment stark einbrechen.

Der Optimale Bereich indem Asynchron- oder Synchronmotoren betrieben werden können ist der Konstantmomentbereich (④)

Im Konstantmomentbereich wird die Spannung für den Motor, im gleichen Verhältnis zur Frequenzänderung am Frequenzumrichter Ausgang angepasst.

Beispiel:

Nennspannung und Frequenz des Motors:	U = 400 V; f = 50 Hz
Rotordrehzahl bei 50 Hz:	2750 U/min
Verhältnis U/f:	400 V / 50 Hz = 8 V/Hz
Frequenzumrichter Ausgangsfrequenz:	f = 75 Hz
Rotordrehzahl bei 75 Hz:	4125 U/min
FU Ausgangsspannung/Verhältnis:	400 V / 75 Hz = 5,33 V/Hz

Das Verhältnis von Spannung zu Frequenz im Beispiel ist oberhalb 50 Hz zu klein. Das bedeutet, der Motor wird oberhalb des Eckpunktes mit Unterspannung betrieben. Das Drehmomentverhalten des Motors verändert sich dadurch. Der Motor hat weniger Kraft. Wird der Motor zu weit oben im Feldschwächebereich betrieben, kann das Drehmomentverhalten instabil werden bis es irgendwann zusammenbricht.

Der Motor hat im Feldschwächebereich zwar weniger Kraft, dreht aber aufgrund der höheren Frequenz schneller.

Die mechanische Leistung eines Motors berechnet sich aus der Drehzahl und aus dem Drehmoment.

Sinkt die Kraft [F] des Motors und steigt dabei im richtigen Verhältnis die Geschwindigkeit [v], dann bleibt unter dem Strich die mechanische Leistung [P_{mech}] gleich.

Formel:

$$P_{mech} = F * v$$

4.1.1 U/f geregelter Frequenzumrichter

U/f geregelte Frequenzumrichter sind einfach und in der Regel günstig in der Anschaffung.
Sie sollten nur mit Asynchronmotoren verwendet werden.
Bei der U/f Regelung wird einfach nur zur eingestellten Ausgangsfrequenz die entspre-
chende Ausgangsspannung statisch rausgegeben.
Es findet keine Kommunikation zwischen Motor und Frequenzumrichter statt. Bei der
U/f Regelung reagiert der Frequenzumrichter nicht auf Lastwechsel am Motor.
Eine automatische Regelung um das Motorverhalten bei Änderungen zu beeinflussen, gibt
es bei der U/f Regelung nicht.
Das Verhalten eines Asynchronmotors an einem U/f geregelten Frequenzumrichter ist ver-
gleichbar mit dem Verhalten des Motors direkt am Netz. (Siehe Abb. 4.6.)
Da die U/f Regelung sehr einfach ist, müssen auch nicht so viele Parameter eingestellt
werden.
Die wichtigsten Parameter, die man bei der U/f Regelung einstellen muss, sind:
* *Motornennspannung und Motornennfrequenz* um den Eckpunkt zu bestimmen.
* *Motornennstrom* um den Motorschutz richtig einzustellen.

Niedrige Ausgangsfrequenzen unterhalb 15–20 Hz (abhängig vom Motor und der Belastung), sollte man bei der U/f Regelung vermeiden.
Im Feldschwächebereich kann ein Motor, unter Berücksichtigung der Drehmomentredu-
zierung, bis ca. 70 Hz noch gut betrieben werden.

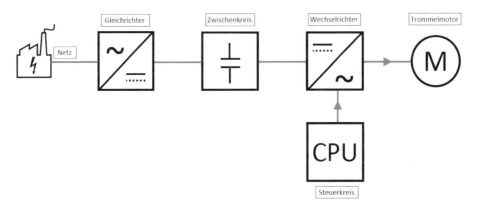

Abb. 4.6 Blockschaltbild, Frequenzumrichter mit U/f Regelung

Generell sollte man beim Betrieb eines Motors oberhalb der Nennfrequenz darauf achten, dass durch die erhöhte Drehzahl mechanische Komponenten, wie z. B. Kugellager, Dichtungen oder Getriebe, nicht überlastet werden.

Insbesondere lüftergekühlte Getriebemotoren werden mit zunehmender Drehzahl ineffizienter, da das schneller drehende Lüfter Rad einen größeren Luftwiderstand generiert.

U/f geregelte Frequenzumrichter können in Anwendungen eingesetzt werden, bei denen die Geschwindigkeit eines Asynchronmotors angepasst werden soll und wo es keine präzisen Anforderungen bezüglich Drehzahlstabilität und Genauigkeit gibt.

Die Drehzahlgenauigkeit eines Asynchronmotors an einem U/f geregelten Frequenzumrichters beträgt ca. ±1–5 %.

An U/f geregelten Frequenzumrichtern können theoretisch auch mehrere Asynchronmotoren parallel betrieben werden, wenn der Frequenzumrichter groß genug ist, um den Motorstrom für mehrere Motoren zu liefern.

4.1.2 Sensorlos geregelter Frequenzumrichter

Sensorlos geregelte Frequenzumrichter werden aufgrund immer besserer und schnellerer Mikroprozessoren immer leistungsfähiger und günstiger.

Auch ein sensorlos geregelter Frequenzumrichter arbeitet nach dem Prinzip der U/f Kennlinie, jedoch findet zusätzlich noch eine Kommunikation zwischen dem Frequenzumrichter und dem Motor statt.

Die Kommunikation funktioniert, wie der Name schon verrät, sensorlos.

Die sensorlose Regelung funktioniert mit Asynchron- und mit Synchronmotoren. Jedoch muss die Motortechnologie (Asynchron oder Synchron) bei der Parametrierung des sensorlos geregelten Frequenzumrichters eingestellt werden.

Nicht alle sensorlos geregelte Frequenzumrichter sind in der Lage, Permanentmagnet-Synchronmotoren anzusteuern. Man sollte daher immer im Vorfeld prüfen, ob der sensorlose Frequenzumrichter die verwendete Motortechnologie auch betreiben kann.

Die sensorlose Kommunikation zwischen dem Frequenzumrichter und dem Motor findet in erster Linie über eine präzise Strommessung statt. Anhand des gemessenen Motorstromes kann der sensorlos geregelte Frequenzumrichter mittels komplexer Berechnungen im Steuerkreis die Rotorposition und Geschwindigkeit des Motors ziemlich genau berechnen.

Die Kommunikation zwischen dem Frequenzumrichter und dem Motor findet bei der sensorlosen Regelung über die Motorzuleitung statt. (Siehe Abb. 4.7.)

Die Motor-Ist-Drehzahl wird im Steuerkreis mit der parametrierten Motor-Soll-Drehzahl verglichen. Weicht die Ist-Drehzahl von der Soll-Drehzahl ab, dann unternimmt der Frequenzumrichter entsprechende Gegenmaßnahmen und sorgt stetig für eine nahezu konstante Motordrehzahl, welche sich auch bei Lastwechsel kaum verändert.

Die sensorlose Regelung ist vergleichbar mit der Funktion eines Tempomaten im Auto. Der Tempomat sorgt dafür, dass das Auto mit konstanter Geschwindigkeit fährt, unabhängig ob das Auto auf gerader Strecke oder in einer Steigung fährt.

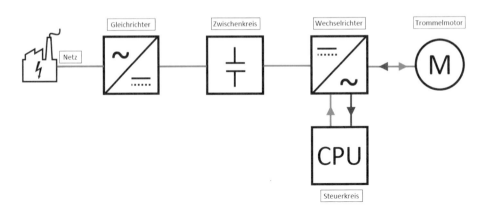

Abb. 4.7 Blockschaltbild, Frequenzumrichter mit sensorloser Regelung

Da für die sensorlose Regelung eine präzise Strommessung notwendig ist, muss bei der Auslegung des Frequenzumrichters unbedingt darauf geachtet werden, dass der sensorlos geregelte Frequenzumrichter auch zum Motorstrom passt.
Wird ein zu großer Frequenzumrichter gewählt, kann der Motorstrom nicht mehr präzise genug ermittelt werden und die sensorlose Regelung kann nicht mehr richtig funktionieren.

Bei der sensorlosen Regelung von Permanentmagnet-Synchronmotoren wird neben der präzisen Motorstrommessung auch die vom Synchronmotor zurückgespeiste Induktions-spannung ausgewertet. Damit kann die Rotorposition noch genauer ermittelt werden.

Seitdem sensorlos geregelte Frequenzumrichter bezahlbar geworden sind, spielen Permanentmagnet-Synchronmotoren eine immer größere Rolle in industriellen Anwendungen. Einige sensorlos geregelte Frequenzumrichter können, in Kombination mit einem Permanentmagnet-Synchronmotor, aus der sensorlosen Regelung inkrementelle Encoder Signal generieren. Diese Signale können für einfache Positionieranwendungen verwendet werden. Die Regelgenauigkeit bei der sensorlosen Regelung beträgt ca. 0,05 %.
Die Genauigkeit ist sehr stark von der Hardware und der Parametrierung des Frequenzumrichters abhängig.

Bei der Parametrierung von Frequenzumrichtern mit sensorloser Regelung muss sehr akkurat gearbeitet werden. Falsche Parameter können die Regelung negativ beeinflussen. Die Auswirkungen finden dann meist im Motor statt und machen sich durch Übertemperatur oder in lauten mechanischen Geräuschen bemerkbar.

Die wichtigsten Parameter, die man bei der sensorlosen Regelung einstellen muss, sind:

Allgemein:
- *Motornennspannung und Motornennfrequenz* um den Eckpunkt zu bestimmen.
- *Motornennstrom* um den Motorschutz richtig einzustellen.
- *Anzahl der Motorpole und nominelle Rotordrehzahl* um die Drehzahl zu bestimmen.

Bei Permanentmagnet-Synchronmotoren:
- **Zurückinduzierte Motorspannung** U$_{KE}$ – *wird häufig in V/krpm angegeben*
- **Stromregler** – *mit dem Stromregler kann das Lastverhalten des Motors beeinflusst werden*
- **Drehzahlregler** – *mit dem Drehzahlregler wird das Drehzahlverhalten beeinflusst.*

Die Parameter für die Strom- und Drehzahlregelung müssen angepasst werden, wenn der
Motor auf eine Drehzahl oder Laständerung entweder zu stark oder zu schwach reagiert.
Reagiert der Motor zu stark, dann spricht man von einer harten Regelung. Reagiert der
Motor zu schwach, dann spricht man von einer weichen Regelung.
Wie die Regler am besten eingestellt werden sollen, ist immer anwendungsabhängig.

Die sensorlose Regelung sorgt dafür, dass sich der Motor im gesamten Regelbereich
sehr kraftvoll und Drehzahlstabil verhält.
Mit der sensorlosen Regelung können Asynchronmotoren auch noch mit Frequenzen deutlich unter 20 Hz betrieben werden.
Mit der sensorlosen Technologie sind Synchronmotoren immer interessanter geworden, da
es nun eine preisgünstige Möglichkeit gibt, Synchronmotoren zu betreiben.
Da der sensorlos geregelte Frequenzumrichter mit dem Motor kommunizieren muss, kann
immer nur ein Motor pro sensorlos geregelten Frequenzumrichter verwendet werden.
Der Betrieb von mehr als einem Motor an einem sensorlos geregelten Frequenzumrichter
ist *nicht* möglich.

4.2   Gebersysteme

Wenn die sensorlose Regelung noch zu ungenau ist, dann muss man einen sogenannten
Drehgeber auf der Rotorwelle des Asynchron- oder Synchronmotors montieren.
Drehgeber liefern pro Rotorumdrehung, Daten zur jeweiligen Rotorposition und Dreh-
geschwindigkeit.
Es gibt Drehgeber, die sich in Inkremental und Absolutwertgeber unterteilen und es gibt
den klassischen Resolver.

Absolutwertgeber sind Wegmesssensoren die über eine längere Strecke (Multiturn)
den genauen Wegpunkt angeben können, ohne nach dem Einschalten einer Anlage eine
Referenzfahrt machen zu müssen.
Absolutwertgeber werden, nach heutigem Stand, nicht in Trommelmotoren verwendet und
werden daher in diesem Buch nicht weiter thematisiert.

Drehgeber geben genaue Informationen über das aktuelle Verhalten des Rotors.
Sie werden zur Drehzahlregelung in Servosystemen oder in Positionieranwendungen be-
nötigt.
Positionieranwendungen sind Anwendungen, bei denen z. B. ein Förderband immer an
einer bestimmten Position genau stoppen muss.
Um diese Position immer wieder zu finden, muss man den Verfahrweg des Förderbandes
bzw. des Trommelmotors bestimmen können.
Ein Drehgeber liefert die benötigten Informationen, um präzise positionieren zu können.

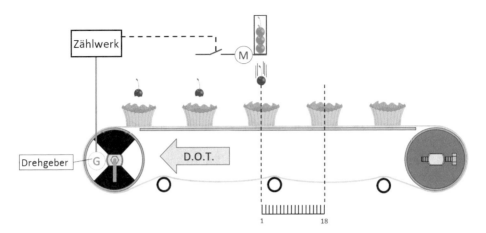

Abb. 4.8 Vereinfachtes Beispiel einer Positionieranwendung

Beispiel:
In einer Tortenfabrik, sollen Kirschen automatisch in der Mitte kleiner Torten platziert werden.
Die Torten werden über ein Förderband mit Trommelmotorantrieb und integriertem Drehgeber transportiert.
Die Signale des Drehgebers werden in einem elektronischen Zählwerk gezählt.
Der Abstand von Torte zu Torte beträgt im diesem Beispiel 18 Drehgeberimpulse.
Jedes Mal, wenn das elektronische Zählwerk 18 Impulse vom Drehgeber erfasst hat, gibt es den Befehl, den Trommelmotor kurz zu stoppen und eine Kirsche nach unten fallen zu lassen.
Die Kirschen fallen so, immer mittig auf die kleinen Torten. (Siehe Abb. 4.8.)

4.2.1 Inkrementalgeber

Im technischen Sinne bedeutet „Inkremental": „Schrittweise" ausgeführte Messung oder Bewegung.
Ein Inkrementalgeber, oder auch Encoder genannt, generiert für eine bestimmte Strecke, bzw. bei einer rotierenden Bewegung, für einen bestimmten Winkel ein digitales Signal.
Die meisten Encoder arbeiten mit 5 V oder 24 V.
0 V = digital 0
5 V bzw. 24 V = digital 1
Die Distanz zwischen einem Signalpegelwechsel ist im Encoder fest definiert.
Die Zeit von Signalpegelwechsel zu Signalpegelwechsel wird durch die Geschwindigkeit des Rotors definiert. (Siehe Abb. 4.9.)
Kennt man nun die zurückgelegte Strecke eines Inkrementes, dann braucht man nur noch die Inkremente zu zählen und kann so den zurückgelegten Weg oder Winkel bestimmen.

Abb. 4.9 Inkrementalsignal

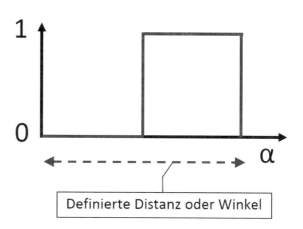

Definierte Distanz oder Winkel

Ein Inkremental-Encoder kann z. B. mit einer einfachen Transistorschaltung realisiert werden.

Ein Transistor ist ein elektronisches Schaltgerät, welches sehr schnell und kontaktlos eine Spannung bzw. einen Strom durchschalten kann.

Eine Signalscheibe, z. B. in einem Kugellager integriert, schaltet den Transistor in definierten Abständen durch. (Siehe Abb. 4.10.)

Die Auflösung, gemeint ist die Genauigkeit des Encoders, ist davon abhängig, wie weit die Abstände zwischen dem Durchschalten bzw. Sperren des Transistors sind.

Je kleiner die Auflösung, desto mehr Inkremente können pro Umdrehung im Encoder realisiert werden.

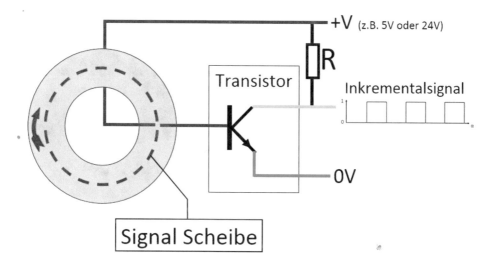

Abb. 4.10 Vereinfacht dargestellte Funktion eines Inkremental-Encoders

Gängige Encoderauflösungen, auch Strichzahl genannt, sind 32, 64, 128, 256, 512, 1024, 2048 und 4096 Inkremente pro Rotorumdrehung.

Jedoch ist bei der Wahl der Auflösung auch auf die Spezifikationen und Zählgeschwindigkeit der Auswerteelektronik (z. B. Encoder Modul im Frequenzumrichter oder SPS) zu achten.

Beispiel:

Rotordrehzahl [nr] = 3000 U/min

Encoder Auflösung [I_{NC}] = 1024 / U (Inkremente pro Umdrehung)

Signalfrequenz [f_{ENC}] = ?

Formel:

$$f_{ENC} = \frac{nr}{60\,s} * INC$$

$$f_{ENC} = \frac{3000\,U/min}{60\,s} * 1024/U$$

$$f_{ENC} = 51,2\,kHz$$

Im genannten Beispiel muss der Signaleingang der auswertenden Elektronik mindestens 51,2 kHz schnell zählen können, um das Encoder Signal richtig auswerten zu können.

Über die Signalfrequenz und die Strichzahl kann die Auswerteelektronik die Drehzahl des Rotors genau bestimmen.

Im zuvor berechneten Beispiel generiert der Encoder 1024 Inkremente pro Umdrehung. Wenn man nun die Getriebeübersetzung des Trommelmotors kennt, dann kann man berechnen, wie viel Inkremente generiert werden, wenn sich die Trommel des Trommelmotors einmal komplett gedreht hat.

Beispiel:

Encoder Auflösung [INC] = 1024 / U (Inkremente pro Rotorumdrehung)

Getriebeübersetzung [i] = 25

Auflösung, umgerechnet auf die Trommel [INC_{TR}] = ?

Formel:

$$INC_{TR} = INC * i$$

$$INC_{TR} = 1024/U * 25$$

$$INC_{TR} = 25.600/U$$

Im Beispiel muss sich der Rotor 25 Mal drehen bis die Trommel sich einmal komplett gedreht hat.

Daraus ergeben sich 25.600 Inkremente pro Trommelumdrehung.

Der Umfang des Trommelmotors entspricht dabei dem Vorschub des Förderbandes.

Beispiel:

Trommeldurchmesser [d] = 81,5 mm

Auflösung, umgerechnet auf die Trommel [INCTR] = 25.600 / U

Trommelumfang [U] = ?

Formel:

$$U = d * \pi$$
$$U = 81,5\,\text{mm} * \pi$$
$$U = 256\,\text{mm}$$

Im Beispiel entspricht der Umfang der Trommel und somit der lineare Bandvorschub pro Trommelumdrehung ca. 256 mm

Eine Trommelumdrehung entspricht im Beispiel 25.600 Inkrementen. Das entspricht 256 mm linearer Bandvorschub = 25.600 Inkremente.

Dies entspricht wiederum 100 Inkrementen pro 1 mm.

Will man das Förderband nun beispielsweise um 1000 mm vorfahren, dann muss die Auswerteelektronik, nachdem sie 100.000 Inkremente (100 Inc/mm × 1000 mm) gezählt hat, einen Stoppbefehl für den Motor geben.

Ein kleiner Nachteil, welcher aber in Anwendungen mit Trommelmotoren in der Regel nicht groß ins Gewicht fällt, ist die Verzögerungszeit zwischen den einzelnen Signalen. Zwischen einem Signalpegelwechsel bleibt der Encoder für einen kurzen Moment auf Pegel 1 bzw. auf Pegel 0. In dieser Zeit weiß die Auswerteelektronik für einen kurzen Moment nicht 100 % genau, welche Position der Rotor im Moment hat.

Daher muss ein Encoder, welcher zur direkten Regelung des Motors verwendet werden soll, eine ausreichend hohe Auflösung haben.

Da die Position des Rotors mittels Inkremental-Encoder nicht absolut bestimmt werden kann, muss ein System mit Inkremental-Encoder nach jedem Einschalten in der Regel neu referenziert werden.

Je höher die Strichzahl, desto genauer kann positioniert werden. Ist die Auflösung des Inkremental-Encoders hoch genug (z. B. 1024 / U), dann kann die Auflösung sogar ausreichen, um einen Synchronmotor damit zu regeln.

Häufig wertet man Encoder mit kleiner Auflösung (z. B. 32 / U), auch direkt über eine SPS oder einem geeigneten Digitaleingang des Frequenzumrichters aus.

Das elektronische Zählwerk steuert dann nur den Start- und Stoppbefehl für die Positionierung.

Mit einem Encoder kann man also die Geschwindigkeit und die Position eines Motors bestimmen.

Eine weitere Information, die in einen automatisierten Ablauf benötigt wird, ist die Information über die Drehrichtung.

Hat ein Encoder nur eine Signalspur, so kann die Auswerteelektronik die Drehrichtung nicht bestimmen.

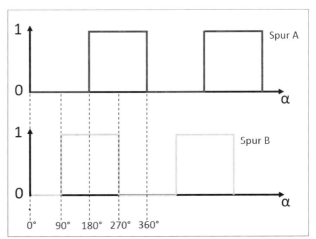

Daher haben die meisten Encoder mindestens noch eine zweite Signalspur, die in der Regel
um 90° zur ersten Signalspur versetzt ist. (Siehe Abb. 4.11.)

Mithilfe der zweiten, verschobenen Signalspur, kann nun auch die Drehrichtung bestimmt
werden, indem man auswertet, welches der beiden Signalspuren zuerst auf Pegel 1 springt.

Inkremental-Drehgeber haben den Vorteil, dass ein digitales Signal einfach ausgewertet
werden kann.

Es gibt viele Möglichkeiten, um digitale Inkrementalsignale zu verarbeiten.

Daher sind Inkremental-Encoder in der Industrie sehr verbreitet.

Da ein Inkremental-Encoder in der Regel ein elektronisches Bauteil ist, kann es hin und
wieder vorkommen, dass ein Encoder durch falsche Handhabung beschädigt wird.

Klassische Fehlerquellen sind z. B.:
- Verpolung der Eingangsspannung (+ und – wurden vertauscht).
- Kurzschluss am Signalausgang. Entweder zwischen verschiedenen Signalen oder gegen
  Erde.
- versehentlich mit zu hoher Eingangsspannung betrieben.
- Überhitzung durch zu hohe Umgebungstemperatur.
- nicht EMV gerechte Verdrahtung.

Einige Encoder verfügen über einen Verpolungsschutz oder einen Überlastschutz, andere
Encoder hingegen nicht.

Gelegentlich kann es schon mal vorkommen, dass kaum messbare, kurz auftretende Überspannungsspitzen einen digitalen Encoder beschädigen.

Fällt ein Encoder trotz richtiger Verdrahtung einmal aus, ist es in der Regel sehr schwierig
die genaue Fehlerursache zu ermitteln.

4.2.2 Resolver

Ein Resolver ist ein Drehgeber, welcher ein analoges Signal ausgibt. Anders als bei einem Inkremental-Encoder, kann man aus dem analogen Signal eines 2-poligen Resolvers innerhalb einer Rotorumdrehung die genaue Rotorposition und Winkellage absolut bestimmen.

Um die Funktion des Resolvers im Detail verstehen zu können, muss man das Prinzip des Elektromagnetismus und der elektromagnetischen Induktion verstanden haben.
Ein Resolver funktioniert theoretisch genau wie ein Transformator, nur mit dem Unterschied, dass die Primärwicklung rotiert.

Grundlagen:
Transformator Prinzip:
Ein Transformator ist ein elektrotechnisches Bauteil mit einer Eingangsspule (Primärwicklung) und einer Ausgangsspule (Sekundärwicklung).
Wird an die Primärwicklung eine Wechselspannung angeschlossen, so entsteht nach dem Prinzip des Elektromagnetismus ein Magnetfeld.
Das Magnetfeld der Primärwicklung bewirkt nach dem Prinzip der elektromagnetischen Induktion eine Induktionsspannung in der Sekundärwicklung.
Die Primär- und Sekundärwicklungen sind in der Regel elektrisch nicht miteinander verbunden.
Die Höhe der Induktionsspannung wird durch die Anzahl der Windungen in der Primär- bzw. Sekundärwicklung beeinflusst. (Siehe Abb. 4.12.)
Ein Resolver setzt sich aus einem Stator und einem Rotor zusammen.

Der Stator besteht aus einer Erregerwicklung und zwei um 90° räumlich versetzte Statorwicklungen.

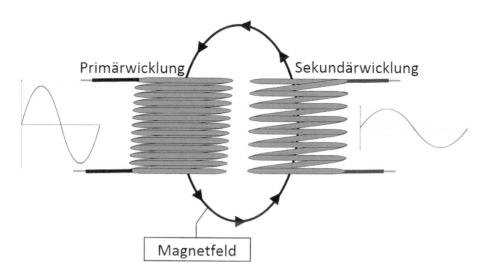

Abb. 4.12 Vereinfachte Darstellung eines Transformators

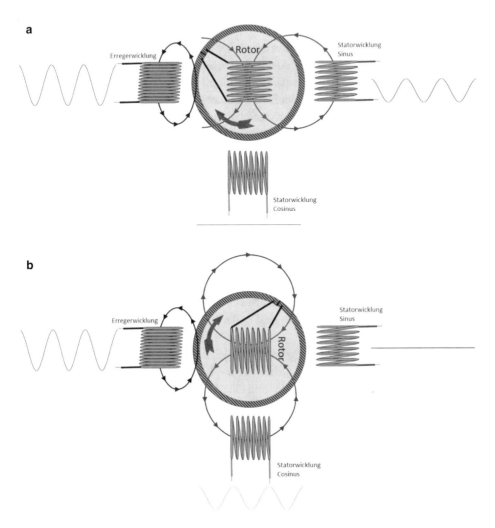

Abb. 4.13 **a** Vereinfachte Darstellung eines Resolvers in Sinus-Position. **b** Vereinfachte Darstellung eines Resolvers in Cosinus-Position

Wenn man den Resolver mit einem Transformator vergleicht, können die beiden Statorwicklungen als Sekundärwicklungen betrachtet werden.

Die Statorwicklungen werden auch als Sinus- und Cosinusausgang bezeichnet.

An die Erregerwicklung wird eine hochfrequente Wechselspannung angeschlossen.

Je höher die Frequenz der Eingangswechselspannung, desto effizienter arbeitet ein Transformator bzw. Resolver.

Eine gängige Erregerspannung für klassische Resolver ist z. B. 7 Vac mit einer Frequenz von 5–10 kHz.

Die Wechselspannung bewirkt im aufgespulten Kupferdraht der Erregerwicklung aufgrund des Elektromagnetismus Prinzips ein elektromagnetisches Feld.

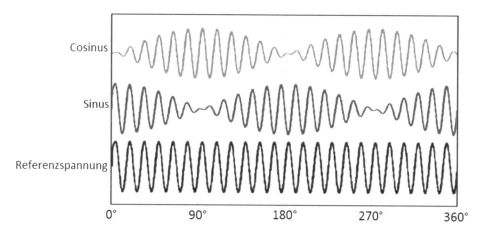

Abb. 4.14 Typischer Signalverlauf eines 2-poligen Resolvers von 0°–360°

Ähnlich wie bei einem Transformator, wird nach dem Prinzip der elektromagnetischen Induktion kontaktlos eine Wechselspannung in eine Kupferspule im Rotor des Resolvers induziert.

Die Induktionsspannung im Rotor wird wiederum durch eine weitere Erregerspule geleitet, wodurch wieder ein elektromagnetisches Feld erzeugt wird.

Da sich der Rotor drehen kann, steht die Erregerwicklung des Rotors bei Rotation in verschiedenen Winkeln zu den beiden Statorwicklungen.

Dadurch werden, je nach Winkellage, unterschiedlich hohe Spannungen in die beiden Statorwicklungen transformiert. (Siehe Abb. 4.13a und b.)

Anhand der Höhe der Spannungen und der Phasenfolge, der Wechselspannungen in den Statorwicklungen, kann zu jeder Zeit die genaue Position des Rotors bestimmt werden. (Siehe Abb. 4.14.)

Da ein Resolver im Prinzip nur aus aufgewickelten Kupferdrähten besteht, ist er sehr robust.

Resolver eignen sich hervorragend zur Reglung von Synchrontrommelmotoren, da sie die exakte Rotorposition absolut bestimmen können.

Neben der Motorregelung können die Informationen des Resolvers auch zur Positionierung verwendet werden.

4.3   Servoregler mit Geberrückführung

Encoder oder Resolver sind nutzlos, wenn deren Daten und Signale nicht richtig verarbeitet und umgesetzt werden können.

Ein Servoregler kann die Daten eines Drehgebers verarbeiten und gleichzeitig den Motor entsprechend steuern.

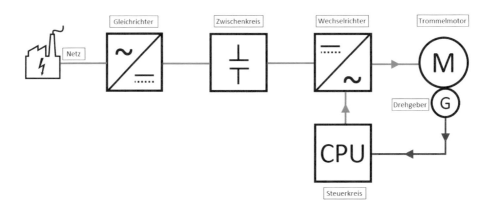

Abb. 4.15 Blockschaltbild, Servo-Frequenzumrichter mit geschlossenem Regelkreis

Servoregler arbeiten im Prinzip wie sensorlos geregelte Frequenzumrichter, jedoch mit dem großen Unterschied, dass der Servoregler echte, gemessene Informationen zur Rotor-position und Geschwindigkeit vom Drehgeber bekommt. Aufgrund der Echtzeitmessung mittels Drehgeber, ist ein Servoregler mit Geberrückführung um ein vielfaches genauer und leistungsfähiger als z. B. ein sensorlos geregelter Frequenzumrichter.

Das Servosystem aus Steuerkreis, Wechselrichter, Motor und Drehgeber, bildet einen ge-schlossenen Regelkreis. (Siehe Abb. 4.15.)

Die höhere Genauigkeit erlaubt es dem Servosystem, den Synchrontrommelmotor noch dynamischer zu regeln, wodurch kürzere Start- und Stopprampen möglich sind. Der Ge-schwindigkeitsregelbereich wird größer.

Mit einem Servoregler mit Geberrückführung können Synchrontrommelmotoren z. B. mit 2 Hz noch kraftvoll betrieben werden. Mit der sensorlosen Regelung wäre das nicht möglich.

Durch die Geberrückführung kann der Motor für Positionieranwendungen eingesetzt werden.

Die Geschwindigkeit kann extrem genau geregelt werden und verändert sich dadurch auch bei Lastwechseln nicht.

Die Kombination eines Synchronmotors mit Drehgeber und Servoumrichter ermöglicht es dem Nutzer, restlos alles aus dem Motor herauszuholen. Innerhalb der physikalischen Grenzen des Motors bleiben nahezu keine Wünsche mehr offen.

In hochdynamischen Abläufen automatisierter Anwendungen setzt man häufig Ser-voumrichter ein, da diese nicht nur mit dem Motor, sondern auch mit den vor- und nach-geschalteten Maschinen bzw. Servoumrichtern kommunizieren müssen.

In diesem Fall werden die Drehgeberinformationen auch zum Synchronisieren von vor- und nachgeschalteten Abläufen verwendet.

Ein Servosystem ist jedoch auch mit deutlich höheren Hardwarekosten, Verdrahtungs-und Programmieraufwand verbunden.

Dadurch ist das System im Vergleich recht teuer.

Während die Regelgenauigkeit bei der sensorlosen Regelung ca. 0,05 % beträgt, erreicht die Regelung mit geschlossenem Regelkreis eine Genauigkeit von ca. 0,01 % oder besser. Für einfache Anwendungen, bei denen es nicht um genaue Positionierung, Synchronisation von Abläufen, extrem niedrigen Frequenzregelbereichen oder perfekter Drehzahlreglung ankommt, machen Servoregler mit Geberrückführung aufgrund der Anschaffungskosten und des zusätzlichen Aufwandes wenig Sinn.

Antriebsauslegung mit Trommelmotoren

5

Trommelmotoren sind vielseitig einsetzbar, aber klassischerweise werden Trommelmotoren als Bandantriebe in Förderern eingesetzt.

Die Auslegung eines Förderbandes kann recht komplex sein. Es gibt viele unterschiedliche Förderbandtypen, Förderkonstruktionen, Umgebungsbedingungen, Fördergüter, Einsatzfälle etc. und jeder einzelne Parameter kann eine gravierende Auswirkung auf den Bandantrieb haben.

Wer einen Trommelmotor für eine Förderbandanwendung auslegen will, muss gewisse Regeln beachten.

5.1 Umgebungsbedingungen

Wenn man ein Förderband konstruieren und auslegen will, muss man zuerst die Umgebungsbedingungen prüfen.

Folgende Umgebungsbedingungen müssen abgefragt werden:
- Handelt es sich um eine nasse, feuchte oder trockene Umgebung?
- Wie hoch ist die Umgebungstemperatur?
    - Maximale Umgebungstemperatur?
    - Minimale Umgebungstemperatur?
- Wie hoch liegt die Anwendung über dem Meeresspiegel (NN)?

Nasse Umgebung:
Aufgrund der hohen Schutzart des Trommelmotors, ist er prädestiniert dafür, auch in rauen und aggressiven Umgebungen eingesetzt zu werden.

Aus den Umgebungsbedingungen ergibt sich die Wahl der Materialien, die mit dem Trommelmotor verwendet werden sollen.

© Springer-Verlag GmbH Deutschland, ein Teil von Springer Nature 2019
S. Hamacher, *Der Trommelmotor*,
https://doi.org/10.1007/978-3-662-59007-2_5

Abb. 5.1 Trommelmotoren bei regelmäßiger Reinigung (Quelle: Interroll.com)

In der Regel gilt, je rauer und aggressiver die Umgebung, desto höher sind die Anforderungen an die Materialien.

Nasse Umgebungen kommen häufig in der offenen Lebensmittelverarbeitung vor.
Bei offenen Lebensmittel muss die Förderanlage regelmäßig, manchmal mehrere Male am Tag, gereinigt werden. (Siehe Abb. 5.1.)
In der Regel wird dabei mit viel Wasser und chemischen Reinigungsmitteln gearbeitet. Der Trommelmotor muss also neben der hohen Dichtheit gegen das Eindringen von Wasser, auch den aggressiven und zum Teil leicht ätzenden Reinigungsmitteln standhalten können.

Insbesondere in Anwendungen, in denen der Trommelmotor mit Seewasser in Berührung kommen kann, ist auf besonders hochwertige Materialien zu achten.
Werden Trommelmotoren aus Kostengründen z. B. mit Aluminium Deckeln ausgeführt, dann können die Aluminiumteile zersetzt werden, wenn diese in Berührung mit Meerwasser und Reinigungsmittel kommen.

Für die aus Metall gefertigten Teile eines Trommelmotors bietet sich daher in nahezu allen Lebensmittelanwendungen mit regelmäßiger Reinigung, Edelstahl mit den Spezifikationen Aisi 303-304 oder Aisi 316 an.
Wichtig ist aber auch, dass z. B. Dichtungen, Kabel, Isoliermaterialien, Gummibeschichtungen usw. entsprechend für Reinigungsmittel geeignet sind.

Abb. 5.2 Trommelmotoren bei der Gepäckaufgabe an Flughäfen (Quelle: Interroll.com)

Feuchte Umgebung:

In feuchten Anwendungen, in denen z. B. eine hohe Luftfeuchtigkeit herrscht, oder wo gelegentlich einmal ein paar Spritzer Wasser an den Trommelmotor kommen können, der Trommelmotor in der Regel aber nicht nass wird, kann man zur Kosteneinsparung auch einen Trommelmotor mit Aluminiumdeckeln ausführen, wenn es denn die weiteren Umgebungsbedingungen zulassen.

Um Rost zu vermeiden sollten das Trommelrohr und die herausstehenden Achsenden des Trommelmotors aus Edelstahl ausgeführt werden.

Feuchte Anwendungen findet man z. B. im Weitertransport verpackter Lebensmittel oder in Anwendungen, wo Förderbänder im Außenbereich betrieben werden.

Trockene Umgebung:

Klassische trockene Anwendungen sind z. B. Anwendungen in der Post- und Flughafenlogistik. (Siehe Abb. 5.2.) Trockene Logistikanwendungen sind häufig sehr kostengetrieben, wobei hier oftmals Trommelmotoren mit Stahltrommeln, Stahlachsen und Aluminiumdeckeln eingesetzt werden.

Leichter Flugrost auf den Achsen ist unproblematisch, da es keine Anforderungen bezüglich Hygiene gibt.

So wie ein rollender Stein kein Moos ansetzt, entsteht auch auf der blanken Stahltrommel während des Betriebes kein Rost im Bereich des Förderbandes.

Selbst wenn ein Motor bei längeren Stillstandszeiten Rost ansetzen sollte, würde dieser nach kurzer Zeit im Betrieb vom Band wieder abgerieben werden.

Es besteht die Möglichkeit, ein blankes Stahlrohr zu verzinken. Die Verzinkung wird normalerweise aber mit der Zeit, durch die Reibung des Fördergurtes abgetragen, sodass unter dem Band wieder das blanke Trommelrohr zum Vorschein kommen kann.

Die Verzinkung des Trommelrohres dient viel mehr als Transportrostschutz, wenn Trommelmotoren über den Seeweg in ferne Länder transportiert werden müssen.

Umgebungstemperaturen:

Für die Auslegung ist es elementar wichtig, die Umgebungstemperaturen zu kennen.

Die Umgebungstemperatur für Trommelmotoren im Standardbetrieb liegt zwischen +5 °C bis +25 °C.

Werden in diesem Temperaturbereich formschlüssig angetriebene Fördergurte eingesetzt, sollte man mit zusätzlich mindestens 10 % Leistungsreserve rechnen.

Bei Umgebungstemperaturen zwischen +25,1 °C bis 40 °C sollten Trommelmotoren nur mit reibungsangetrieben Fördergurten eingesetzt werden, damit trotz erhöhter Umgebungstemperatur noch genügend Wärme vom Rohr abgezogen werden kann.

Zusätzlich sollten Trommelbeschichtungen dicker 8 mm vermieden werden, da zu dicke Beschichtungen wärmeisolierend wirken können.

Eine zu hohe Umgebungstemperatur kann eine Auswirkung auf die Leistungsfähigkeit des Trommelmotors haben.

In der Regel sollten Asynchrontrommelmotoren in Umgebungen über +40 °C nicht mehr eingesetzt werden.

Der Betrieb eines Synchrontrommelmotors in Bereichen wärmer als +40 °C, kann unter Umständen möglich sein, sollte aber mit dem Trommelmotorlieferanten unbedingt abgestimmt werden.

Bei niedrigen Umgebungstemperaturen unterhalb von +5 °C bis –25 °C sollte man grundsätzlich direkt am Trommelmotor montierte Klemmenkästen jeglicher Art vermeiden, da in Kombination aus Erwärmung durch den Trommelmotor und der kühlen Umgebung Kondenswasser im Klemmenkasten entstehen kann.

Da sich Elektrizität und Wasser bekanntermaßen nicht vertragen, kann im Klemmenkasten im schlimmsten Fall sogar ein Kurzschluss entstehen.

Aber auch die Ausführung mit einer fest montierten Motorleitung birgt bei niedrigen Temperaturen Gefahren. Grundsätzlich sollten jegliche mechanischen Belastungen oder Bewegungen am Kabel vermieden werden.

Insbesondere Kabel mit PVC-Isolierung sind nicht für Tiefkühlanwendungen geeignet, da die PVC Isolierung leicht brechen kann.

Daher werden im Tiefkühlbereich häufig Kabel mit einer PUR-Isolierung eingesetzt.

Bei der Wahl des Öls für den Trommelmotor sollte man bei Anwendungen im Bereich von +5 °C bis –25 °C auch auf dessen Eigenschaften achten. Mineralische Öle sind häufig schlechter geeignet als synthetische Öle.

Das falsche Öl kann bei längeren Pausenzeiten bei niedriger Temperatur einen festeren Zustand annehmen.

Dadurch erhöht sich die Reibung in den mechanisch zu schmierenden Bauteilen wie z. B. im Getriebe und in den Kugellagern.

Ist die mechanische Reibung zu groß, kann der Trommelmotor im schlimmsten Fall nicht mehr eigenständig anlaufen.

Um ein Einfrieren der Dichtungen zu vermeiden und um das Motoröl nicht fest werden zu lassen, müssen Trommelmotoren in den Pausenzeiten in Umgebungen unter +5 °C ein wenig beheizt werden.

Bei einem Synchronmotor kann diese Aufgabe der Frequenzumrichter übernehmen, indem er den Synchrontrommelmotor einfach dauerhaft bestromt, sodass der Motor im Stillstand seine Position festhält. Der Stromfluss in der Synchronmotorwicklung reicht aus, um das Motoröl ausreichend aufzuwärmen und flüssig zu halten. Ein Einfrieren der Dichtungen kann so vermieden werden.

Bei Asynchronmotoren kann man zur internen Beheizung einen einfachen Trick anwenden.

Wenn der Asynchrontrommelmotor vom Netz oder vom Frequenzumrichter getrennt ist, kann man einfach eine Gleichspannung an zwei beliebige Phasen des Asynchronmotors anschließen.

Die richtige Gleichspannung kann von Stator zu Stator verschieden sein, da unterschiedliche Statoren, unterschiedliche Widerstände haben können.

Trommelmotorenhersteller geben die Gleichspannung für das Stillstandheizsystem in der Regel auf dem Motor Typenschild mit an.

Die Gleichspannung bewirkt einen Stromfluss durch die Kupferwicklungen des Asynchronmotors.

Das dabei entstehende Magnetfeld ist jedoch statisch, wodurch keine Spannung in den Käfigläufer induziert werden kann. Der Asynchronmotor dreht sich dadurch nicht.

Der Gleichstrom in der Wicklung generiert jedoch Wärme. Diese Wärme hält das Motoröl auf Temperatur und es können sich keine Eiskristalle an den Dichtungen bilden.

Anwendungen über 1000 m:

Technische Geräte, die oberhalb von 1000 m über dem Meeresspiegel betrieben werden. müssen aufgrund des geringeren Luftdrucks mit einer höheren Leistungsreserve ausgelegt werden.

Als Faustformel kann man bei Höhen über 1000 m mit ca. 1 % zusätzlicher Leistungsreserve je 100 m rechnen.

5.2   Alles eine Frage der Reibung (generelle Auslegung eines Förderers)

Die Grundlagenberechnung eines Förderbandantriebes beginnt mit der Auslegung eines Hubantriebes.

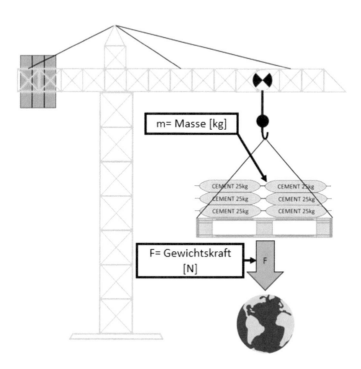

Abb. 5.3 Auslegung eines Hubantriebes

Bei der Auslegung eines Hubantriebes muss man lediglich berechnen, mit welcher Kraft die Erdanziehung an der zu hebenden Last zieht.

Beispiel:
Ein Kranantrieb soll eine Palette mit 150 kg Zement anheben.
Das Gesamtgewicht [m] beträgt 150 kg Zement + 35 kg Palette = 185 kg (Siehe Abb. 5.3.)
Die Fallbeschleunigung [g] beträgt ca. 9,81 N/kg. Das bedeutet, die Erdanziehung zieht mit 9,81 N pro kg Gewicht an der zu hebenden Last.
Daraus ergibt sich für die Kraft [F] folgende Formel:

Formel:

$$F = m * g$$
$$F = 185\,kg * 9,81\,N/kg$$
$$F = 1814,85\,N$$

Um die Palette nach oben ziehen zu können, muss der Kranantrieb eine Kraft [F] von mindestens 1814,85 N liefern.
    Doch die Kraft [F] alleine sagt noch nichts über die Leistung [P] des Antriebes aus.

Um die mechanische Leistung [P_{mech}] zu berechnen, benötigt man die Geschwindigkeit [v], mit der die Last [m] nach oben gezogen werden soll.

In unserem Beispiel verlangt der Kunde, dass die Last [m] mit einer Geschwindigkeit [v] von 0,5 m/s nach oben gezogen werden soll.

Die mechanische Leistung [P_{mech}] des Antriebes ist das Produkt aus Kraft [F] und Geschwindigkeit [v].

Formel:

$$P_{mech} = F * v$$
$$P_{mech} = 1814,85\,N * 0,5\,m/s$$
$$P_{mech} = 907,43\,W$$

Das Heben einer Last ist für einen Antrieb die anspruchsvollste Anwendung, da hierbei die volle Erdanziehungskraft der zu hebenden Last entgegen wirkt.

Die Erdanziehung arbeitet also 180° entgegengesetzt zur Kraft des Kranantriebes.

Soll die gleiche Last jedoch horizontal bewegt werden, wird dafür in der Regel weniger Kraft benötigt, als für das Heben.

Jeder kann sich bestimmt gut vorstellen, dass es einem nahezu unmöglich sein wird, ein Auto mit bloßen Händen hochzuheben.

Wenn man aber das stehende Auto mit gelöster Handbremse auf einer horizontalen Straße anschiebt, kann man das schwere Auto leicht in Bewegung setzen.

Bei der horizontalen Bewegung wirkt die Erdanziehung nicht mehr 180° entgegengesetzt, sondern nur noch 90°.

Die Kraft, die nun benötigt wird, um das Auto horizontal zu bewegen, hängt sehr stark von der Reibung zwischen Straße und Auto ab.

Bei gelöster Handbremse können sich die kugelgelagerten Räder des Autos leicht drehen. Die sogenannte Rollreibung der Kugellager ist sehr gering. Darum benötigt man verhältnismäßig wenig Kraft, um das Auto in Bewegung zu setzen.

Bei angezogener Handbremse. Werden die Räder des Autos blockiert. Um das Auto mit blockierten Rädern in Bewegung zu setzen wäre sehr viel mehr Kraft notwendig, da nun die wesentlich größere Haftreibung zwischen dem Gummi der Reifen und der rauen Straße überwunden werden muss.

Wie effizient man etwas horizontal bewegen kann, ist also abhängig vom Reibfaktor zwischen der zu bewegenden Last und der Oberfläche, über die die Last geschoben bzw. gezogen werden soll.

Die Kunst bei der Auslegung von Förderern ist die Bestimmung bzw. Berechnung der auftretenden Reibungen und die benötigten Kräfte, diese Reibungen zu überwinden.

Die größte Reibung entsteht zwischen dem Fördergurt und der Fläche, auf der der Fördergurt läuft bzw. abgetragen wird.

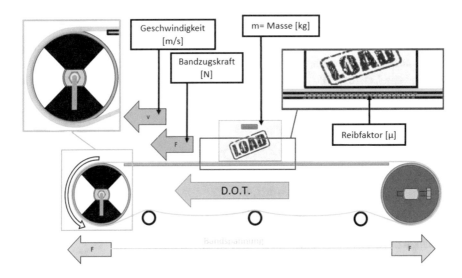

Abb. 5.4 Reibungen, Kräfte und Geschwindigkeit

Die Reibung ist abhängig vom Material der Unterseite des Fördergurtes, vom Material der Oberseite der Abtragung und ob die Abtragung als Gleitfläche oder mit Rollen ausgeführt wird.

Ein Förderer ist umso effizienter, je geringer die Reibung zwischen Fördergurt und Abtragung ist.

Doch Reibung ist nicht überall unerwünscht. An der Antriebstrommel benötigt man Reibung. Die Reibung zwischen Fördergurt und Antriebstrommel muss immer größer sein als die Reibung zwischen Fördergurt und Abtragung.

Ist die Reibung an der Antriebstrommel zu gering, dreht diese durch. (Siehe Abb 5.4.)

Um die Kraft zu berechnen, welche benötigt wird, um die Reibung zwischen Fördergurt und Abtragung zu überwinden, benötigt man den sogenannten Reibfaktor. (Siehe Tab. 5.1.) In der Regel ist der Reibfaktor kleiner als 1.

Tab. 5.1 Gängige Reibfaktoren in der Fördertechnik

Bandmaterial	Material des Gleitbetts		Rollreibung
	PE	Stahl/Edelstahl	
PE	0,3	0,15	
PP	0,15	0,26	
POM	0,1	0,2	
PVC/PU		0,3	0,05
Polyamid oder Polyester		0,18	
Gummi	0,4	0,4	

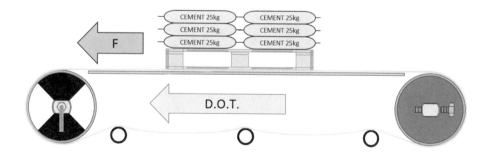

Abb. 5.5 Beispiel Antriebsauslegung Horizontalförderer

Der Reibfaktor 1 würde einer Hebeanwendung entsprechen.

Wenn man den Reibfaktor bestimmt hat, kann man die benötigte Kraft für die horizontale Bewegung berechnen.

Dazu multipliziert man einfach den Reibfaktor [μ] zur Kraft, die man benötigen würde, wenn man die Last heben würde.

Beispiel:

Eine Palette mit 150 kg Zement soll auf einem Förderband mit PVC Fördergurt und einer gleitenden Abtragung mit einem Gleitbett aus Stahl horizontal gefördert werden.

Der PVC Fördergurt wiegt 2 kg/m². Der Fördergurt ist 0,6 m breit und der Abstand zwischen den Achsen der Umlenktrommel und des Trommelmotors beträgt 2,5 m. (Siehe Abb. 5.5.)

Neben der Förderlast liegt auch ein Teil des Fördergurtes auf dem Gleitbett.

Das Gewicht des Fördergurtes im Obertrum muss daher auch berücksichtigt werden.

Da im Untertrum der Fördergurt in der Regel auf reibungsarmen Rollen geführt wird, kann hier das Bandgewicht vernachlässigt werden.

Das Gewicht des Fördergurtes im Obertrum errechnet sich wie folgt:

Fördererlänge Achse zu Achse (A-A) [L] = 2,5 m

Förderergurtbreite [BW] = 0,6 m

Spezifisches Gewicht des Fördergurtes [m_b] = 2 kg/m²

Bandgewicht im Obertrum [m_{bo}] = ?

Formel:

$$m_{bo} = L * BW * m_b$$
$$m_{bo} = 2,5\,m * 0,6\,m * 2\,kg/m$$
$$m_{bo} = 3\,kg$$

Das Gesamtgewicht [m] beträgt 150 kg Zement + 35 kg Palette= 185 kg.

Der Fördergurt im Obertrum wiegt 3 kg [m_{bo}].

Fördergewicht [m] = 185 kg
Fördergurt im Obertrum [m_{bo}] = 3 kg
Fallbeschleunigung [g] = 9,81 N/kg
Reibfaktor [μ] = 0,3
Bandzugskraft [F] = ?

Formel:

$$F = \left(m + m_{bo} \right) * g * \mu$$
$$F = \left(185\,kg + 3\,kg \right) * 9,81\,N/kg * 0,3$$
$$F = 553,28\,N$$

Je kleiner der Reibfaktor, desto weniger Kraft wird benötigt, um die Förderlast zu bewegen.
Es ist also alles eine Frage der Reibung.
Nun kann man für den Förderbandantrieb noch die benötigte Leistung errechnen.
Dazu muss man die Bandgeschwindigkeit kennen, die in der Regel in der Anwendung
gegeben ist.

Beispiel:
Fördergeschwindigkeit [v] = 0,5 m/s
Benötigte Bandzugskraft [F] = 553,28 N
Mechanische Leistung [P_{mech}] = ?

Formel:

$$P_{mech} = F * v$$
$$P_{mech} = 553,28\,N * 0,5\,m/s$$
$$P_{mech} = 276,64\,W$$

Reibfaktoren können sich, je nach Anwendung, Fördergut oder Umgebung, verändern.
In nassen und feuchten Anwendungen kann es z. B. passieren, dass der Fördergurt durch
Adhäsionskräfte vom Gleitbett stark angezogen wird. Der Reibfaktor ist dann, insbesondere
während der Anlaufphase des Förderers, sehr groß.
    Ein anderes Beispiel tritt häufig in der offenen Fleischproduktion auf.
Tierische Fette, die sich während der Fleischverarbeitung auf dem Förderer verteilen kön-
nen, verbessern die Gleiteigenschaften und können so den Reibfaktor evtl. verbessern.
    Umgekehrt können sich z. B. in einer Käseproduktion, Käsepartikel zwischen Förder-
gurt und Gleitbett negativ auf den Reibfaktor auswirken.
    Auch sollte man mit einem erhöhten Reibfaktor in Tiefkühlanlagen rechnen, da hier der
Fördergurt durch die Kälte weniger flexibel ist und somit evtl. mehr Kraft benötigt wird.
    Für die richtige Einschätzung des Reibfaktors eines Förderers, insbesondere bei Lebens-
mittelanwendungen, benötigt man ein wenig Erfahrung und Gefühl.

Grundsätzlich ist man immer gut beraten, für den Antrieb eine Leistungsreserve von mindesten 20 % oder mehr auf die berechnete Bandzugskraft zu addieren.

Formel:
Zusätzliche Kraftreserve von 20 % [F_{res}]

$$F_{res} = F * 1,2$$

Wie bereits im Abschn. 5.1 Umgebungsbedingungen beschrieben, muss ab einer Aufstellhöhe von über 1000 m über NN noch eine zusätzliche Leistungsreserve aufgrund des verringerten Luftdrucks eingerechnet werden.

Beispiel:
Für eine Anwendung mit einem Aufstellort unter 1000 m wurden eine Bandzugskraft von 500 N [F] und eine Motorleistung [P_{mech}] von 300 W berechnet.
Nun soll dieser Motor in einer Höhe von 2000 m über NN betrieben werden.

Höhe über NN in m [alt] = 2000 m
Berechnete Bandzugskraft [F] = 500 N
Berechnete mechanische Motorleistung [P_{mech}] = 300 W
Zusätzlich benötigte Leistungsreserve pro m über 1000 m NN = 0,01 $\frac{\%}{m}$
Reservefaktor oberhalb 1000 m NN [f_{alt}] = ?

Formel (gilt nur ab 1000 m über NN):

$$f_{alt} = 1 + \frac{(alt - 1000\,m) * 0,01\frac{\%}{m}}{100}$$

$$f_{alt} = 1 + \frac{(2000\,m - 1000\,m) * 0,01\frac{\%}{m}}{100}$$

$$f_{alt} = 1,1$$

Da der Motor oberhalb 1000 m über NN schwächer wird, muss zur ausgelegten Bandzugskraft [F] und zur ausgelegten mechanischen Motorleistung [P_{mech}] der Reservefaktor [f_{alt}] multipliziert werden.

Formel (gilt nur ab 1000 m über NN):
Bandzugskraft bei >1000 m über NN [F_{alt}]

$$F_{alt} = F * f_{alt}$$

$$F_{alt} = 500\,N * 1,1$$

$$F_{alt} = 550\,N$$

Wenn bei einer Anwendung unterhalb 1000 m NN eine Bandzugskraft von 500 N ausreichend war, ist für die gleiche Anwendung an einem Aufstellort bei 2000 m über NN eine Bandzugskraft von 550 N notwendig.

Formel (gilt nur ab 1000 m über NN):
Mechanische Leistung bei >1000 m über NN [P_{alt}]

$$P_{alt} = P_{mech} * f_{alt}$$
$$P_{alt} = 300\,W * 1,1$$
$$P_{alt} = 330\,W$$

Da bei gleicher Bandgeschwindigkeit [v] mehr Bandzugskraft [F_{alt}] benötigt wird, muss logischer Weise auch die mechanische Leistung [P_{mech}] größer werden.

5.2.1 Besonderheiten bei Steig- und Gefälleförderern

Steig- oder Gefälleförderer sind im Prinzip eine Kombination aus Kranantrieb und horizontalem Förderantrieb. Neben dem Reibfaktor muss man, abhängig vom Steigung- bzw. Gefällewinkel, noch die entgegenwirkende Erdanziehungskraft berücksichtigen.

Steigförderer Beispiel:
Eine Palette mit 150 kg Zement soll auf einem Förderband mit PVC-Fördergurt und einer gleitenden Abtragung aus Stahl und mit einer **Steigung** von α = 35° nach oben gefördert werden.

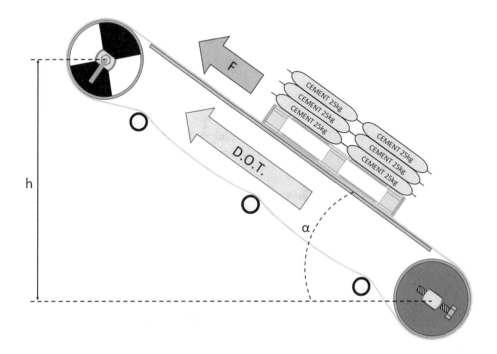

Abb. 5.6 Beispiel Antriebsauslegung Steigförderer

Das Gesamtgewicht [m] beträgt 150 kg Zement + 35 kg Palette = 185 kg.
Der Fördergurt im Obertrum wiegt 3 kg [m_{bo}].

Fördergewicht [m] = 185 kg
Der Fördergurt im Obertrum [m_{bo}] = 3 kg
Fallbeschleunigung [g] = 9,81 N/kg
Reibfaktor [μ] = 0,3
Steigung [α] = 35°
Bandzugskraft [F] = ?

Formel:

$$F = (m + m_{bo}) * g * \mu + (m + m_{bo}) * g * \sin(\alpha)$$
$$F = (185\,kg + 3\,kg) * 9,81\,N/kg * 0,3 + (185\,kg + 3\,kg) * 9,81\,N/kg * \sin(35°)$$
$$F = 1611,12\,N$$

Beispiel:
Fördergeschwindigkeit [v] = 0,5 m/s
Benötigte Bandzugskraft [F] = 1611,12 N
Mechanische Leistung [P_{mech}] = ?

Formel

$$P_{mech} = F * v$$
$$P_{mech} = 1611,12\,N * 0,5\,m/s$$
$$P_{mech} = 805,56\,W$$

Gefälleförderer:
Um die benötigte Antriebskraft bei einem Gefälleförderer zu berechnen, bräuchte man in der Theorie nur das Vorzeichen des Steigungswinkels zu negieren.
Die theoretisch benötigte Antriebskraft ist beim Gefälleförderer geringer, da die Erdanziehungskraft in Förderrichtung wirkt.
Ist der Gefällewinkel zu steil, kann es sogar passieren, dass eine negative Antriebsleistung errechnet wird. Das passiert, wenn die wirkende Erdziehungskraft stärker ist als die Kraft, die notwendig ist, um die Reibung zwischen Fördergurt und Gleitbett zu überwinden.
   Man muss beim Gefälleförderer verstehen, dass der Elektromotor nicht als Antrieb arbeiten muss, sondern mehr als Bremse.
Wird die Antriebsleistung des Motors zu schwach berechnet, insbesondere bei steilen Gefällewinkeln, dann zieht die Erdanziehung so stark an der Förderlast, sodass die Fördergeschwindigkeit außer Kontrolle gerät. Ein zu schwach ausgelegter Motor kann dem dann nichts mehr entgegensetzen.
   Daher gilt, auch beim Gefälleförderer muss mit einem Winkel mit *positivem* Vorzeichen gerechnet werden.
Wenn ein Motor die Last nach oben ziehen kann, dann kann der Motor die Last auch kontrolliert nach unten fördern bzw. abbremsen.

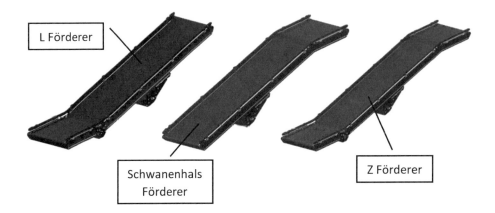

Abb. 5.7 Sonderformen: Steig- und Gefälleförderer (Quelle: Interroll.com)

Bei hohen Lasten und steilen Winkeln treibt der Fördergurt, angetrieben von der Erd-
anziehungskraft, den Elektromotor mechanisch an. Ein mechanisch angetriebener Asyn-
chron- oder Synchronmotor wirkt dabei wie ein Generator und produziert Energie.
Wird diese Energie nicht abgeführt, dann kann die Geschwindigkeit des Förderers außer
Kontrolle geraten.
Bei der Auslegung eines Gefälleförderers macht es daher häufig Sinn, einen geeigneten
Frequenzumrichter mit einem Bremschopperkreis einzuplanen. Der Frequenzumrichter
regelt die Geschwindigkeit und hält diese konstant.
Wird der Elektromotor generatorisch betrieben, dann kann der Bremschopperkreis im
Frequenzumrichter die überschüssige Energie in einen Bremswiderstand leiten.
Der daraus resultierende Motor- bzw. Generatorstrom bremst das Förderband ab. Dadurch
kann eine kontrollierte und elektronisch stabil geregelte Fördergeschwindigkeit bei Gefälle
gewehrleistet werden.

Steig- und Gefälleförderer mit Knick:
Steig- und Gefälleförderer mit Knick, sogenannte L-Förderer, Schwanenhalsförderer oder
Z-Förderer (siehe Abb. 5.7), können zu einem geraden Steig- oder Gefälleförderer umgerechnet werden.
Dazu benötigt man die Förderhöhe, die überwunden werden soll, und die gesamte Fördererlänge. Aus diesen beiden Werten kann man einen geraden Förderer mit Steigung
berechnen und die Formel aus dem vorangegangenen Beispiel verwenden.

Z-Förderer Beispiel:
Ein Z-Förderer soll umgerechnet werden, damit man die Formel
$F = m * g * \mu + m * g * \sin(\alpha)$ anwenden kann.
Dazu muss der Z Förderer zu einem gerader Förderer mit einem flacheren Steigungswinkel
[$\alpha 2$] und einer längeren Steigungsstrecke [CL2] umgerechnet werden. (Siehe Abb. 5.8.)

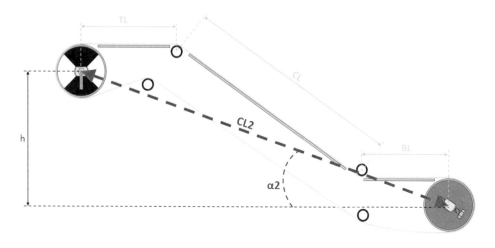

Abb. 5.8 Beispiel Antriebsauslegung Z-Förderer

Horizontale Strecke oben [TL] = 1 m
Strecke der Steigung [CL] = 3,5 m
Horizontale Strecke unten [BL] = 0,5 m
Zu überwindende Höhe [h] = 2 m
Strecke der Steigung, umgerechnet auf einen geraden Steigförderer [CL2] = ?

Formel:

$$CL2 = TL + CL + BL$$
$$CL2 = 1\,m + 3,5\,m + 0,5\,m$$
$$CL2 = 5\,m$$

Eigentlich ist die Diagonale [CL2], wenn sie zur Vereinfachung aus der Addition von TL, CL und BL berechnet wird, ein wenig zu lang. Das spielt aber für die Auslegung keine große Rolle.
Bei L-Förderern ist TL = 0 m und bei Schwanenhalsförderern ist BL = 0 m.
Steigungswinkel, umgerechnet auf einen geraden Steigförderer [α2] = ?

Formel:

$$\alpha 2 = \tan^{-1}\left(\frac{h}{CL2}\right)$$
$$\alpha 2 = \tan^{-1}\left(\frac{2\,m}{5\,m}\right)$$
$$\alpha 2 = 21,8°$$

Nun kann mit der Formel F = m * g * μ + m * g * sin(α2) gerechnet werden.

5.3 Zusätzliche Reibungskräfte:

Zusätzliche Reibung kann durch angebrachte Bauteile oder ungewöhnliche Fördererformen auftreten und muss zur berechneten Bandzugskraft hinzu addiert werden.

So erzeugen z. B. Abstreifer, Schaber, Bürsten, Modulbandkurven und Knickpunkte bei L-, Schwanenhals- oder Z-Förderern zusätzliche Reibung, die nicht unterschätzt werden sollte.

Die Knickpunkte bei L-, Schwanenhals- oder Z-Förderern, können, je nach Ausführung des Förderers, pro Knickpunkt ca. 50 N–100 N Reibungskräfte generieren. (Siehe Abb. 5.9.)

In offenen Lebensmittelanwendungen werden häufig Abstreifer oder Schaber am Kopf oder unter dem Förderer angebracht, um grobe Produktreste von der Band Oberfläche zu entfernen. Die Abstreifer müssen dafür eng am Fördergurt mit einem gewissen Druck anliegen. Dadurch kann zusätzliche Reibung entstehen insbesondere, wenn sich mit der Zeit Reste des Fördergutes am Abstreifer aufbauen.

Man kann pro Abstreifern oder Schabern zusätzliche Reibungskräfte von ca. 75 N–100 N annehmen. (Siehe Abb. 5.10.)

Zusätzliche Reibung wird auch bei kurvenfähigen Modulbändern generiert. (Siehe Abb. 5.11.)

Die Reibung in den Kurven kann zum Teil recht hoch sein. Je nach Bandtyp und Ausführung können pro Modulbandkurve ca. 50 N–200 N zusätzliche Reibung entstehen.

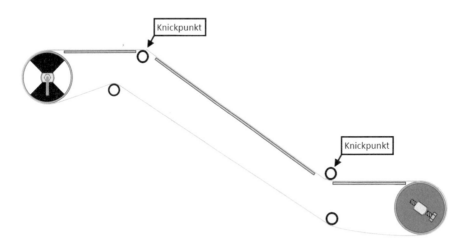

Abb. 5.9 An den Knickpunkten kann Reibung entstehen

Abb. 5.10 Förderband mit Trommelmotor und Abstreifer (Quelle: Interroll.com)

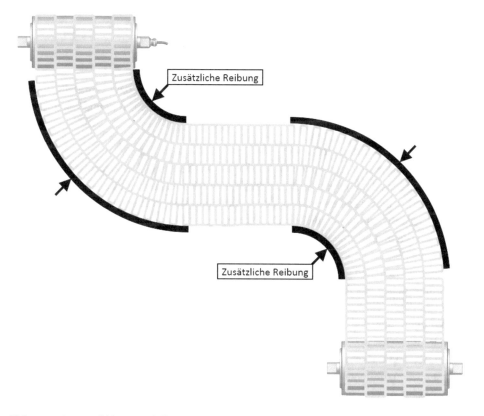

Abb. 5.11 Kurvenfähiges Modulband

5.4   Bandspannung

Ein sehr wichtiges und häufig unterschätztes Thema bei der Auslegung eines Förderers mit
Trommelmotor ist die Bandspannung.

Eine seriöse Auslegung ist nicht möglich, wenn man den Fördergurt nicht kennt.

Reibungsangetriebene Fördergurte benötigen Reibung zwischen Fördergurt und Antriebstrommel.

Diese Reibung wird in erster Linie durch Druck erzeugt, indem man die endlose Band-
schlaufe um die Antriebstrommel und Umlenktrommel spannt.

Je stärker man den Fördergurt spannt, desto größer wird der Gripp zwischen der Antriebstrommel und dem Fördergurt.

Die dabei auftretenden Kräfte können enorm sein. Viele Menschen haben gar keine Ahnung,
wie extrem hoch Bandspannungskräfte sein können und welche negativen Auswirkungen
sie auf verschiedenste Komponenten des Förderers haben können.

Alle notwendigen Daten zum Fördergurt kann man in der Regel dem Gurtdatenblatt ent-
nehmen oder beim Gurthersteller erfragen.

Wie bereits im Abschn. 2.1 erläutert, werden folgende Gurtdaten zur Berechnung der Bandspannung benötigt:

- Fördergurtbreite in mm [BW]
- K1 % Wert in N/mm [K1 %]

Zusätzlich muss man noch die Bandausdehnung in % [ε] kennen bzw. ermitteln.

Die Bandausdehnung kann man, während man den Fördergurt einstellt und spannt, relativ
einfach messen.

Ermittlung der Bandausdehnung:

1. Auf dem losen und ungespannten Fördergurt werden zwei Markierungen angebracht
   (z. B. ein Strich mit einem Stift oder mit einem Klebebandstreifen).
   Die Markierungen sollten mittig auf dem Fördergurt sein, da hier aufgrund der Balligkeit
   der Antriebstrommel die höchste Bandspannung und Bandausdehnung zu erwarten ist.
   Die Markierungen sollten so weit wie möglich auseinander sein. Je weiter die Markierungen auseinander sind, desto genauer kann später gemessen werden.
   Nun muss man den genauen Abstand zwischen den beiden Markierungen messen. Das
   Formelzeichen des Abstandes, zwischen den Markierungen im *ungespannten Zustand*
   ist [Be0].
2. Nun kann man den Trommelmotor einschalten. Wahrscheinlich wird der Trommelmotor zunächst noch unter dem Fördergurt durchrutschen. Man kann dann vorsichtig
   den Abstand zwischen Trommelmotor und Umlenktrommel vergrößern, bis das Band
   irgendwann mitgenommen wird.
   Man sollte darauf achten, den Fördergurt an beiden Seiten gleichmäßig zu spannen, um
   einen gleichmäßigen Bandverlauf hinzubekommen.
   Durch das Spannen dehnt sich der Fördergurt ein wenig.

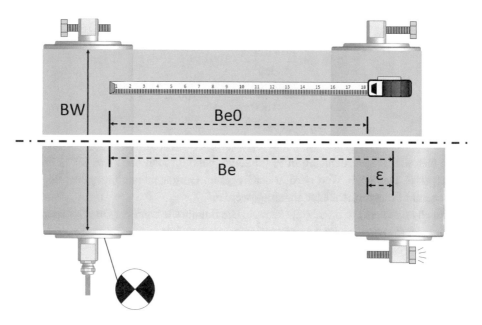

Abb. 5.12 Messung der Bandausdehnung

Sobald das Förderband geradeaus läuft und genügend Gripp hat, um die zu befördernde Last ohne ein Durchrutschen des Antriebes zu bewegen, kann man den Trommelmotor wieder abschalten.

3. Nun muss man die zuvor angebrachten Markierungen suchen und den Abstand zwischen den Markierungen erneut messen.
   Da sich das Band durch das Spannen ein wenig gedehnt hat, sind nun auch die beiden Markierungen weiter auseinander gewandert.
   Das Formelzeichen des Abstandes zwischen den Markierungen im *gespannten Zustand* ist [Be]. (Siehe Abb. 5.12.)

4. Mit den beiden Messwerten kann man nun die prozentuale Ausdehnung des Fördergurtes nach dem Spannen berechnen.

Beispiel:

Auf einem ungespannten Fördergurt werden mittig des Gurtes zwei Markierungen mit einem Abstand von genau [Be0] = 1000 mm angebracht.

Nachdem das Band gespannt und ausgerichtet worden ist, hat sich der Abstand zwischen den beiden Markierungen um 4 mm, auf insgesamt [Be] = 1004 mm, verlängert.

Abstand der Markierungen im ungespannten Zustand [Be0] = 1000 mm

Abstand der Markierungen im gespannten Zustand [Be] = 1004 mm

Ausdehnung in % [ε] = ?

Formel:

$$\varepsilon = \frac{Be * 100\,\%}{Be0} - 100\,\%$$

$$\varepsilon = \frac{1004\,mm * 100\,\%}{1000\,mm} - 100\,\%$$

$$\varepsilon = 0,4\,\%$$

Wenn man die Bandausdehnung in % [ε] kennt, benötigt man noch den K1 % Wert des
Fördergurtes. Der K1 % Wert wird in der Regel im Gurtdatenblatt angegeben oder kann
direkt beim Fördergurthersteller angefragt werden.
Zusätzlich muss man die Bandbreite kennen. Die Bandbreite kann vor Ort direkt gemessen
werden oder sie wird bei der Antriebsauslegung vorgegeben.

Beispiel:
Ein 600 mm breiter Fördergurt wurde mit 0,4 % Ausdehnung gespannt. Im Gurtdatenblatt
wird ein dynamischer und ein statischer K1 % Wert angegeben.
Der statische K1 % Wert ist in der Regel der größere Wert. Um auf der sicheren Seite zu
sein, sollte man mit dem statischen K1 % Wert rechnen. In unserem Beispiel beträgt der
K1 % Wert 8 N/mm.

Fördergurtbreite [BW] = 600 mm
Prozentuale Banddehnung [ε] = 0,4 %
Bandspannungskraft pro mm Bandbreite bei 1 % Ausdehnung [K1 %] = 8 N/mm
Bandspannungskraft in N [TE] = ?

Formel

$$TE = BW * K1\,\% * \varepsilon * 2$$

$$TE = 600\,mm * 8\,N/mm * 0,4 * 2$$

$$TE = 3840\,N$$

Die Herleitung der Formel ist recht simpel. Der K1 % Wert wird in der Regel in N/mm
angegeben und gibt an, wie viel Kraft pro Millimeter Bandbreite notwendig ist, um das
Band 1 % zu dehnen. (Siehe Abb. 5.13.)
Im Beispiel wurde aber nur eine Banddehnung von ε = 0,4 % gemessen, daher kann man
K1 % mit ε multiplizieren.
Da der K1 % Wert pro mm Fördergurtbreite [BW] wirkt, kann man zusätzlich noch die
Fördergurtbreite [BW] dazu multiplizieren.
Nun ergibt sich für die Bandspannung die Formel BW * K1 % * ε.
Häufig wird der Faktor 2 unterschlagen. Die Bandspannung BW * K1 % * ε bezieht sich
auf eine Fördergurtlage.
Da es sich aber um einen endlos geschlossenen Fördergurt handelt, gibt es eine Fördergurt-
lage im Obertrum und eine Fördergurtlage im Untertrum.

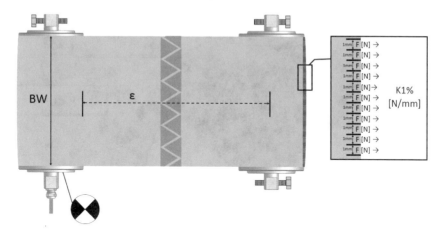

Abb. 5.13 Bandspannung

Wenn sich das Band im Obertrum um z. B. 0,4 % dehnt, dann dehnt sich das Band auch im Untertrum um 0,4 %.

Der Faktor 2 berücksichtigt also die Bandspannung, die auch im Untertrum generiert wird. Im vorangegangenen Beispiel haben wir eine Bandspannungskraft von 3840 N berechnet. 3840 N entspricht einer Gewichtskraft von 3840 N / 9,81 N/kg = 391,4 kg.

Allein durch das Spannen des Fördergurtes um wenige Millimeter wurde der Trommelmotor und somit die Kugellager mit mehreren hundert Kilogramm belastet.

Diese Kugellagerbelastung wirkt sich negativ auf die Kugellagerlebensdauer aus.

5.5 Trommelmotoren mit Gummierung oder Profil für formschlüssig angetriebene Bänder

Glatte Gummierungen auf dem Trommelmotor sollen den Gripp zwischen Band und Antriebstrommel erhöhen.

Dadurch wird weniger Bandspannung benötigt, was sich positiv auf die Kugellagerlebensdauer auswirkt.

Noch schonender für die Kugellager sind formschlüssig angetriebene Bänder wie z. B. Modulbänder oder thermoplastische Bänder, da formschlüssig angetriebene Bänder in der Regel nicht gespannt werden müssen.

Eine Gummierung, ein Profil oder Zahnräder auf dem Trommelmotor vergrößern jedoch den Abrolldurchmesser des Bandes, wodurch sich im Vergleich zu einem unbeschichteten Trommelmotor die Bandgeschwindigkeit erhöht.

Ein größerer Trommeldurchmesser bei gleichbleibendem Drehmoment bedeutet, dass weniger Bandzugkraft am größeren Außendurchmesser zur Verfügung steht.

Die Dicke des Fördergurtes sowie ein vergrößerter Trommeldurchmesser müssen daher bei der Antriebsauslegung berücksichtigt werden.

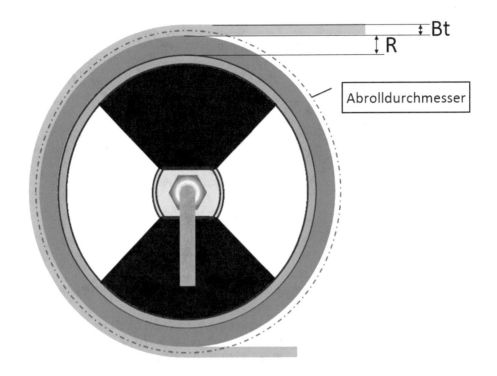

Abb. 5.14 Abrolldurchmesser mit reibungsangetriebenen Bändern und Gummierung

Reibungsangetriebene Fördergurte

Reibungsangetriebene Fördergurte rollen in der Mitte des Bandes ab. (Siehe Abb. 5.14.)
Wird eine Gummierung oder eine andere Beschichtung auf das Trommelrohr aufgetragen,
errechnet sich der Abrolldurchmesser des Bandes wie folgt:

Formel:
Dicke der Gummierung in mm [R]
Dicke des Bandes in mm [Bt]
Durchmesser der unbeschichteten Trommel [Ø]
Abrolldurchmesser des Bandes in mm [Øfinal]

$$\varnothing final = \varnothing + 2 * R + Bt$$

Formschlüssig angetriebene Modulbänder

Formschlüssig angetriebene Modulbänder werden in der Regel mit einem Profil oder mit
Zahnrädern angetrieben.
Den Abrolldurchmesser nennt man bei Modulbändern Teilkreisdurchmesser.
Die englische Bezeichnung für Teilkreisdurchmesser ist „pitch circle diameter", was häufig
auch mit PCD abgekürzt wird.

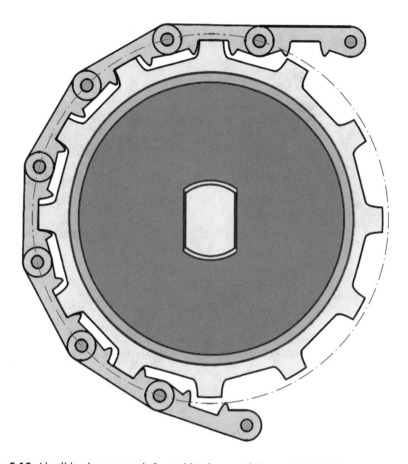

Abb. 5.15 Abrolldurchmessers mit formschlüssig angetriebenen Modulbändern

Der Teilkreisdurchmesser ist ein gedachter Kreis, der sich beim Abrollen des Modulbandes auf die Mitte der Scharniere bezieht.
Der Teilkreisdurchmesser wird in der Regel vom Profil oder Zahnradhersteller angegeben. Bei Modulbändern entspricht der Abrolldurchmesser dem Teilkreisdurchmesser [PCD]. (Siehe Abb. 5.15.)

Formel:
Teilkreisdurchmesser in mm [PCD]

$$\varnothing \text{final} = \text{PCD}$$

Formschlüssig angetriebene thermoplastische Bänder
Formschlüssig angetriebene thermoplastische Bänder werden an den Zähnen angeschoben.

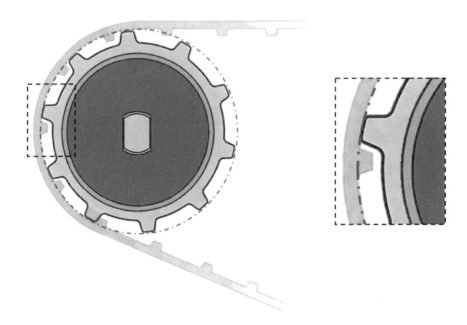

Abb. 5.16 Abrolldurchmesser bei formschlüssig angetriebenen thermopl. Bändern

Der Fördergurt rollt dabei auf der Oberseite des Profils bzw. auf der Oberseite des Zahn-
rades ab.

Der Außendurchmesser [OD] des Profils wird in der Regel vom Profil oder Zahnradhersteller angegeben oder kann, wenn vorhanden, einfach gemessen werden.

Bei formschlüssig angetriebenen thermoplastischen Bändern entspricht der Abrolldurchmesser dem Außendurchmesser [OD]. (Siehe Abb. 5.16.)

Formel:

$$\varnothing \text{final} = OD$$

Der größere Abrolldurchmesser [Øfinal] muss nun auf die Trommelmotorenkatalogwerte
umgerechnet werden.

Im Vergleich zu den Katalogdaten nimmt die Bandgeschwindigkeit mit größerem Abrolldurchmesser zu und die Bandzugskraft nimmt auf dem größeren Abrolldurchmesser ab.

Mit dem Abrolldurchmesser [Øfinal] kann man nun die Korrekturfaktoren zur Umrechnung
auf Katalogwerte berechnen.

Beispiel:

Die mechanischen Werte in einem Trommelmotorenkatalog beziehen sich auf einen unbe-schichteten Trommeldurchmesser [Ø] von 138 mm.
Durch ein Modulbandprofil verändert sich der Abrolldurchmesser [Øfinal] auf 166 mm.

Durchmesser der unbeschichteten Trommel [Ø] = 138 mm
Abrolldurchmesser [Øfinal] = 166 mm
Korrekturfaktor [f] = ?

Formel:

$$f = \frac{\text{Øfinal}}{\varnothing}$$

$$f = \frac{166\,\text{mm}}{138\,\text{mm}}$$

$$f = 1,2$$

Um die gewünschte Bandgeschwindigkeit am Abrolldurchmesser zu erhalten, muss man im Katalog einen Trommelmotor aussuchen, der um den Korrekturfaktor [f] langsamer als die gewünschte Bandgeschwindigkeit ist.

Beispiel:

Gewünschte Bandgeschwindigkeit [v] = 0,5 m/s
Korrekturfaktor [f] = 1,2
Trommelmotorkataloggeschwindigkeit v_k = ?

Formel:

$$v_k = \frac{v}{f}$$

$$v_k = \frac{0,5\,\text{m/s}}{1,2}$$

$$v_k = 0,42\,\text{m/s}$$

Neben der Geschwindigkeit muss vom Abrolldurchmesser auch die Bandzugskraft auf den Trommelmotorkatalogwert zurückgerechnet werden.

Beispiel:

Korrekturfaktor [f] = 1,2
Berechnete Bandzugskraft [F] = 1611,12 N
Trommelmotor-Kraft-Katalogwert [Fk] = ?

Formel:

$$F_k = F * f$$

$$F_k = 1611,12\,\text{N} * 1,2$$

$$F_k = 1933,34\,\text{N}$$

Anhang

Checkliste zur Förderbandantriebsauslegung

Frage:	Informationsquelle:
Handelt es sich um eine nasse, feuchte oder trockene Umgebung?	Fördererkonstrukteur oder Förderbandbetreiber
Wie hoch ist die minimale und maximale Umgebungstemperatur?	Fördererkonstrukteur oder Förderbandbetreiber
Wie hoch liegt die Anwendung über dem Meeresspiegel (NN)?	Fördererkonstrukteur oder Förderbandbetreiber
Welche Steigung hat das Förderband? – Horizontales Förderband: Steigung = 0° – Gerader Steig- Gefälleförderer: Steigung [°] = ? – L-Förderer: Steigung [°] und TL [mm] = ? – Schwanenhals-Förderer: Steigung [°] und BL [mm] = ? – Z-Förderer: Steigung [°], TL [mm] und BL [mm] = ?	Fördererkonstrukteur oder Förderbandbetreiber
Wie breit ist der Fördergurt (BW) [m]?	Fördererkonstrukteur oder Förderbandbetreiber
Wie lang ist der Förderer von Achse zu Achse (L) [m]?	Fördererkonstrukteur oder Förderbandbetreiber
Wie hoch ist das Fördergewicht (m) [kg]?	Fördererkonstrukteur oder Förderbandbetreiber
Wie hoch ist die Bandgeschwindigkeit (v) [m/s]?	Fördererkonstrukteur oder Förderbandbetreiber
Gibt es Stellen, an denen zusätzliche Reibung entstehen kann (Fadd) [N]? Zum Beispiel: – Knickpunkte bei L-, Schwanenhals- oder Z- Förderern *(Richtwert: 50–100 N)* – Abstreifer/Schaber *(Richtwert: 75–100 N)* – Bürsten *(Richtwert: 50 N)* – Staubetrieb	Fördererkonstrukteur oder Förderbandbetreiber

© Springer-Verlag GmbH Deutschland, ein Teil von Springer Nature 2019
S. Hamacher, *Der Trommelmotor*,
https://doi.org/10.1007/978-3-662-59007-2

Frage:	Informationsquelle:
Welcher Band Typ soll verwendet werden? – Reibungsangetriebenes Band – Formschlüssig angetriebenes Modulband – Formschlüssig angetriebenes thermoplastisches Band	Fördererkonstrukteur oder Förderbandbetreiber
Wichtige Banddaten: – Spezifisches Gurtgewicht (m_b) [kg/m²] Banddicke (Bt) [mm] – K1 % Wert (K1 %) [N/mm] *(bei reibungsangetrieben Bändern)*	Gurtdatenblatt
Wie hoch ist die Bandausdehnung (ε) [%]? *(bei reibungsangetrieben Bändern)*	Messung auf der Bandoberfläche, Fördererkonstrukteur oder Förderbandbetreiber
Wie groß ist der Fördergurt Abrolldurchmesser? – Gummierungsdicke (R) [mm] *(bei reibungsangetrieben Bändern)* – Teilkreisdurchmesser (PCD) [mm] *(bei Modulbändern)* – Profil Außendurchmesser (OD) [mm] *(bei thermoplastischen Bändern)*	Berechnung, Fördererkonstrukteur oder Förderbandbetreiber
Reibfaktor zwischen Abtragung und Fördergurt?	Tabelle 5.1, Fördererkonstrukteur oder Förderbandbetreiber

Formelsammlung, Rechenweg und Regeln

Formelzeichen	Einheit	Beschreibung:
α	°	Steigungswinkel gerades Förderband
$\alpha 2$	°	Steigungswinkel für L-, Schwanenhals- und Z-Förderer
Be	mm	Abstand Markierungen, gespannter Fördergurt
Be0	mm	Abstand Markierungen, ungespannter Fördergurt
BL	mm	Untere horizontale Förderstrecke L- und Z-Förderer
Bt	mm	Dicke des Fördergurtes
BW	m	Breite des Fördergurts (in Meter [m])
CL	mm	Förderstrecke mit Steigung
ε	%	Banddehnung
F	N	Bandzugskraft am Abrolldurchmesser
f	–	Korrekturfaktor für Trommelmotorkatalogwerte
f_{alt}	–	Reservefaktor oberhalb 1000 m über NN
F_{alt}	N	Bandzugskraft bei Anwendungen oberhalb 1000 m NN
F_k	N	Bandzugskraft umgerechnet auf Katalogwert
F_{res}	N	Bandzugskraft am Abrolldurchmesser plus Reserve
g	N/kg	Fallbeschleunigung
h	mm	Förderhöhe
K1 %	N/mm	Kraft pro Millimeter Bandbreite bei 1 % Banddehnung

L	m	Achs- zu Achs-Länge des Förderers
m	kg	Fördergewicht
m_b	kg/m²	Spezifisches Fördergurtgewicht pro m²
m_{bo}	kg	Fördergurtgewicht im Obertrum
OD	mm	Außendurchmesser, Profil für thermoplast. Bänder
Ø	mm	Außendurchmesser des unbeschichteten Trommelmotors
$Ø_{final}$	mm	Finaler Fördergurtabrolldurchmesser
P_{alt}	W	Mechanische Motorleistung bei oberhalb 1000 m NN
PCD	mm	Teilkreisdurchmesser eines Modulbandes
P_{mech}	W	Mechanische Motorleistung
R	mm	Beschichtungsdicke bei reibungsangetriebenen Fördergurten
TE	N	Bandspannungskraft
TL	mm	Obere horizontale Strecke vom Schwanenhals- und Z-Förderer
μ	–	Reibfaktor zwischen Fördergurt und Abtragung
v	m/s	gewünschte Bandgeschwindigkeit
v_k	m/s	Bandgeschwindigkeit umgerechnet auf Katalogwert

Formelsammlung und Rechenweg:

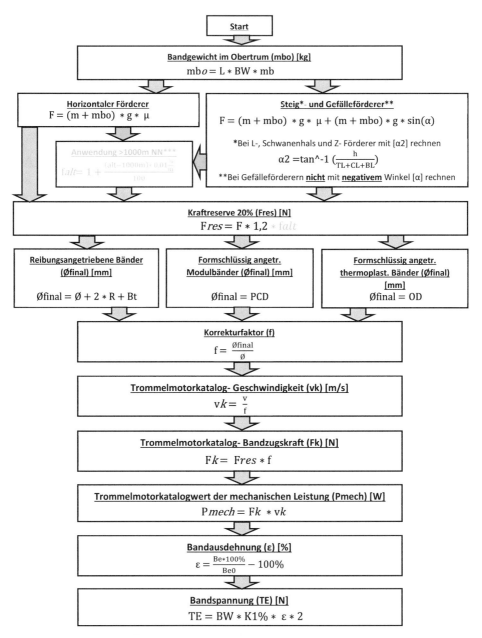

```
                              ┌──────────┐
                              │  Start   │
                              └──────────┘
```

Bandgewicht im Obertrum (mbo) [kg]
$$mbo = L * BW * mb$$

Horizontaler Förderer
$$F = (m + mbo) * g * \mu$$

Steig*- und Gefälleförderer**
$$F = (m + mbo) * g * \mu + (m + mbo) * g * \sin(\alpha)$$

*Bei L-, Schwanenhals und Z- Förderer mit [α2] rechnen
$$\alpha2 = \tan^{-1}\left(\frac{h}{TL+CL+BL}\right)$$
Bei Gefälleförderern **nicht mit **negativem** Winkel [α] rechnen

Anwendung >1000m NN***
$$falt = 1 + \frac{(alt - 1000m) \cdot 0.01\frac{-2}{m}}{100}$$

Kraftreserve 20% (Fres) [N]
$$Fres = F * 1{,}2 * falt$$

Reibungsangetriebene Bänder (Øfinal) [mm]
$$Øfinal = Ø + 2 * R + Bt$$

Formschlüssig angetr. Modulbänder (Øfinal) [mm]
$$Øfinal = PCD$$

Formschlüssig angetr. thermoplast. Bänder (Øfinal) [mm]
$$Øfinal = OD$$

Korrekturfaktor (f)
$$f = \frac{Øfinal}{Ø}$$

Trommelmotorkatalog- Geschwindigkeit (vk) [m/s]
$$vk = \frac{v}{f}$$

Trommelmotorkatalog- Bandzugskraft (Fk) [N]
$$Fk = Fres * f$$

Trommelmotorkatalogwert der mechanischen Leistung (Pmech) [W]
$$Pmech = Fk * vk$$

Bandausdehnung (ε) [%]
$$\varepsilon = \frac{Be * 100\%}{Be0} - 100\%$$

Bandspannung (TE) [N]
$$TE = BW * K1\% * \varepsilon * 2$$

***nur bei Anwendungen über 1000m

Auswertung:

Die Bandgeschwindigkeit, umgerechnet auf Katalogwert (v_k) [m/s], muss so nah wie möglich, an einer im Katalog angegebenen Geschwindigkeit sein.

Die Bandzugkraft, umgerechnet auf Katalogwert (F_k) [N], muss kleiner oder gleich dem im Trommelmotorkatalog angegebenen Wert für die Bandzugskraft sein.

Die Bandspannung (TE) [N] muss kleiner oder gleich dem im Trommelmotorkatalog angegebenen Wert für die max. erlaubte Bandspannung sein.

Die mechanische Motorleistung (P_{mech}) [W] dient zur besseren Orientierung im Katalog, da Trommelmotoren in der Regel nach Leistung sortiert sind. Wichtig ist dass die Werte von (F_k) und (v_k) zur Anwendung passen.

Nach Möglichkeit sollte die **Asynchron-Trommelmotorenwicklung** nach folgender Reihenfolge in Bezug auf die Pole gewählt werden:

1. **4**-polig
2. **2**-polig
3. **6**-polig
4. **8**-polig
5. **12**-polig

Für **Synchron-Trommelmotoren** muss ein geeigneter Frequenzumrichter gewählt werden. Der Frequenzumrichter muss in der Lage sein, Permanentmagnet Synchronmotoren sensorlos zu regeln.

Die Ausgangsleistung des Frequenzumrichters muss zur Motorleistung passen.

Ausführung und Materialauswahl:

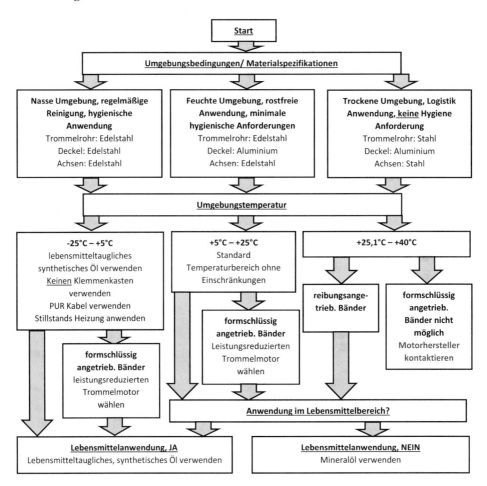